U0192148

试桩二十讲

孙宏伟　编著

中国建筑工业出版社

图书在版编目（CIP）数据

试桩二十讲 / 孙宏伟编著. —北京 ：中国建筑工业出版社，2024.6（2024.12 重印）
ISBN 978-7-112-29671-2

Ⅰ. ①试… Ⅱ. ①孙… Ⅲ. ①试桩 Ⅳ. ①TU473.1

中国国家版本馆CIP数据核字（2024）第057042号

试桩，对于桩基工程而言，至关重要，是桩基设计的关键依据之一。试桩目的包括测试单桩承载力和试探性成桩施工，探索成桩施工工艺、施工参数在特定场地的适应性、适用性、可行性及可靠性。本书关注的桩型是灌注桩，包括抗压试桩、抗拔试桩、水平承载力试桩，重点比较分析嵌岩桩与入岩桩的异同，全面对比后注浆增强实际效果，收录了北京、上海、天津、西安、沈阳等地代表性超高层建筑的超长桩的试桩资料。

本书适合从事建筑工程的设计、施工、勘察、检测、监理、开发、工程管理等相关技术人员和科研人员学习参考。

责任编辑：辛海丽
文字编辑：王　磊
责任校对：赵　力

试桩二十讲
孙宏伟　编著
*
中国建筑工业出版社出版、发行（北京海淀三里河路9号）
各地新华书店、建筑书店经销
北京鸿文瀚海文化传媒有限公司制版
天津画中画印刷有限公司印刷
*
开本：880毫米×1230毫米　1/32　印张：$7\frac{3}{4}$　字数：227千字
2024年4月第一版　　2024年12月第三次印刷
定价：**48.00**元
ISBN 978-7-112-29671-2
（42696）

前言

试桩，即试验桩，区别于工程桩施工质量检测验收所做静载试验的检验桩。试桩目的包括测试单桩承载力和试探性成桩施工，探索成桩施工工艺、施工参数在特定场地的适应性、适用性、可行性及可靠性。

试桩，对于桩基工程而言，至关重要，是桩基设计的关键依据之一。然而在实际工程中，对于试桩，总是有人患得患失，也总是有人得过且过，关于“乙级桩基，要不要试桩？”的问题，不断纠结着，或为了“试桩花那么多钱，会有什么效益？”不停盘算着投入与产出。

本着为实践厘清数据、为发展梳理脉络、为解惑提供依据、为科研奠定基础的初心，着手整理分析既往的试桩资料、工程记录、工作笔记和学习笔记，编著了本书，重点关注的是灌注桩，包括嵌岩桩、入岩桩、超长桩以及壁桩。起初想到的题目是“试桩解读”，后经出版社总编和责任编辑的指点与启发，终定以“试桩二十讲”为题。

著者认为现场试桩与桩基计算不可偏废，在重视试桩的同时，仍应重视桩基承载力计算分析。通过试桩资料的系统积累，加之工程桩检验以及沉降实测资料，统计分析得出的经验值更加符合实际情况，不断增强承载力预测的可靠性。试桩目的不等于试桩意义，目的是直接的结果，而意义是结果的延伸，不仅是认识上的螺旋式上升，而且又是形而上，从实用目的到工程意义的升华，为此专门编写了第 1 讲“试桩之用”、第 2 讲“试桩之困”以及第 3 讲“试桩失败”，均基于实际工程，都来自编著者心得体会。

桩，既有岩土属性，又具备结构属性，需要按照结构构件进行设计，在桩身强度满足要求的前提下，桩基承载力取决于岩土性状和岩土阻力实际发挥，而成桩施工工艺技术决定着岩土阻力的实际发挥，因而工程界有言道“桩的承载力是做出来的，不是算出来的”，这里提及的“做”，对于试桩而言，包括两个环节，不仅是成桩施工，还有静载试验。

通过试桩不仅需要获取桩基承载力取值依据，而且需要验证成桩施工方法，方能做到知其然且知其所以然，并且才能做到正确理解、辩证分析试桩的“成功”与“失败”，不然试桩的真失败将难以避免、工程恐深受其累。

试桩在勘察与设计之间，在设计与施工之间，在施工与检测之间，故试桩同样是一个系统工程，需要精心勘察、精心设计、精心施工、精心检测，缺一不可。试桩的过程包括试验策划、方案设计、成桩施工、试验测试，必要时还包括试验场地的地质勘察。

对于试桩进行全面深入的数据分析是非常重要的，因此第4讲“桩身轴力”专门讨论桩身轴力的数据分析。桩的承载力包括竖向承载力和水平承载力，其中竖向承载力包括抗压和抗拔的承载力，按此顺序安排第5讲“抗压试桩”、第6讲“抗拔试桩”和第7讲“水平承载力试桩：国家体育场”。

为了正确把握承载性状，特别撰写了第8讲和第9讲的“试桩比较”，在第8讲中通过试桩分析比较灌注桩后注浆的实际增强效果，第9讲则是针对“嵌岩与入岩”异同作比较，其后的第10讲“试桩实例：鄂尔多斯软岩地质”、第11讲“试桩实例：北京丽泽SOHO”、第12讲“试桩实例：武汉绿地中心”、第13讲“试桩实例：温州世贸中心”都是桩端嵌入岩层的灌注桩的工程实例。北京丽泽SOHO因地制宜减短桩长，其桩端避开软岩乃明智之举。

第14讲至第19讲都是超高层建筑的试桩实例，即第14讲“西安超长灌注桩”、第15讲“北京中信大厦”、第16

讲“上海中心大厦”、第17讲“天津高银117大厦”、第18讲“沈阳超长灌注桩”和第19讲“壁桩”。第20讲“补勘与试桩”强调了补勘的重要性。

在试桩实例和事例的分析中，穿插加入了若干“工程纪事”，都是编著者亲历，希望故事性可以增加可读性，初次尝试，恳请读者朋友们和工程界同行们给予反馈与指正。

“试桩意义在于不断积累工程实测数据，工程实测数据是理论研究的基础，同时是统计分析得出地区经验值的基础，还是推动行业技术进步的基础、从桩基大国到桩基强国的发展基础。”期待产学研用融合创新，在新时代高质量发展的过程中有所担当、有所建树。

衷心感谢所有引用文献资料的作者们！感谢同事们的大力协助，他们是李伟强、方云飞、王媛、卢萍珍、宋捷、张靖一、石峰、宋闪闪、杨爻等，构建成研究型团队，以研究支撑设计。我们的工作得到北京市建筑设计研究院领导与同仁们的支持和帮助、复杂结构研究院历届领导一直以来的关心和指导，在此一并表示衷心感谢。

编著者本人学识有限、时间精力不济，疏误之处难免，恳请诸君不吝赐教！

编著者
2023年12月30日
北京·土力学斋

标准简称汇总

序号	标准名称	标准号	简称
1	建筑桩基技术规范	JGJ 94—2008	【桩基规范】
2	建筑与市政地基基础通用规范	GB 55003—2021	【地基通规】
3	建筑地基基础设计规范	GB 50007—2011	【国标地规】
4	北京地区建筑地基基础勘察设计规范	DBJ 11—501—2009（2016年版）	【北京地规】
5	建筑基桩检测技术规范	JGJ 106—2014	【桩检测规】

目　录

第1讲 试桩之用

“用”想表达两层含义：一是作用，即试桩的目的；二是形而上的“用”，可以理解为试桩的意义。意义之用，对于特定的项目，似为无用之用，但此用堪为大用，需要结合执业经历加以体会和理解。

本章叙述顺序为规定试桩（1.1节），分析规范中关于试桩的规定；以1.1节为基础，讨论“试桩目的”（1.2节）和“试桩效益”（1.3节），并进一步阐述“试桩意义”（1.4节）。

试桩，不同于“验桩”，验为“检验”，检测工程桩承载力为验收工程桩施工质量提供依据，试桩是为桩基设计提供依据。

因此试桩是在桩基设计之前进行，验桩则是在成桩施工之后进行。确定单桩承载力的基本方法是静载试验（static load test），试桩和验桩都需要进行静载试验，因此也可以按工前试桩和工后试桩加以区分。

现场试桩与桩基计算不可偏废，在重视试桩的同时，仍应重视桩基承载力计算分析。通过试桩资料的系统积累，加之工程桩检验以及沉降实测资料，统计分析得出的经验值更加符合实际情况，不断增强承载力预测的可靠性。

1.1 规定试桩

写为“规定试桩”，而不是“试桩规定”，是为了强调规范对于试桩的重视。应当注意对于规范条文原意的正确理解并把握其核心概念。

【**惑**】乙级桩基，可以不试桩？

> 5.3.1 设计采用的单桩竖向极限承载力标准值应符合下列规定：
>
> 1 设计等级为甲级的建筑桩基，应通过单桩静载试验确定；
>
> 2 设计等级为乙级的建筑桩基，当地质条件简单时，可参照地质条件相同的试桩资料，结合静力触探等原位测试和经验参数综合确定；其余均应通过单桩静载试验确定；

应正确理解［桩基规范］5.3.1 条："甲级应试桩，乙级亦应试桩"。

建议对 5.3.1 条第 2 款这样理解：设计等级为乙级的建筑桩基，应通过单桩静载试验确定单桩竖向极限承载力标准值，当地质条件简单时，可参照地质条件相同的试桩资料，结合静力触探等原位测试和经验参数综合确定。

由［桩基规范］5.3.1 条，乙级可不做静载试验的情形，同条件试桩的关键在于"同条件"的把握，需要考虑诸如加载方式、成桩工艺、持力层岩性、桩端持力层深度、有无弱下卧层等实际条件。当这些实际条件出现差别，而且影响到承载性状，不可视为同条件。

如图 1.1 所示，两个试桩的桩端持力层、进入持力层深度都相同，但持力层厚度变化，出现桩端以下持力层厚度的不同，同时还应注意到其下卧黏土层薄厚不均的实际情况。因此，2 号试桩不能作为 1 号试桩所在工程建设场地的"可参照地质条件相同的试桩资料"。

【工程纪事】图 1.1 系著者所经手的实际工程的概化示意图，由于桩侧土层一样、桩端持力层相同且桩端进入持力层的深度也相同，误将 2 号试桩作为可参照的地质条件相同的试桩资料，后导致新建高层建筑出现了不均匀沉降问题，取消了本该进行的 1 号试桩，付出的代价过大。概化示意图使得关键问题得以直观反映，实际工程地质剖面图更为繁杂，不易发现问题所在，学艺不精，是技术水平问题；而明知故犯，则是工程伦理问题，故不可掉以轻心。

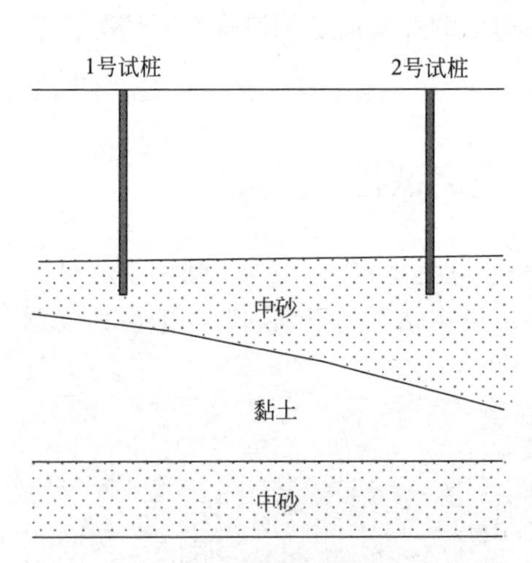

图 1.1　试桩与地层配置关系示意图

不同于前述的工程项目，“可参照地质条件相同的试桩资料”不是来自相邻场地，而是本工程场地内的试桩检测报告，如图 1.2 所示试桩的桩端持力层为粉质黏土层，其后在施工图设计时桩稍稍有所加长，工程桩的桩端穿过了粉质黏土层，至其下的粉土层。

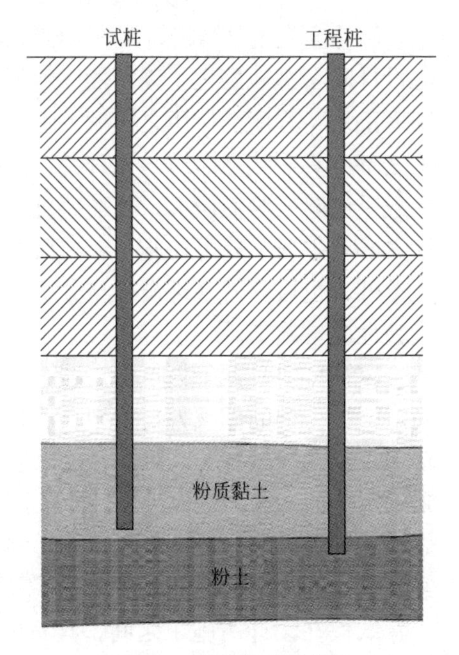

图 1.2　桩端持力层示意

【**惑**】桩端持力层有所改变，还要不要重新试桩?

当时设计者认为桩加长了而单桩承载力取值不变，是偏于安全的考虑，故不再进行试桩。

出乎所有人的意料，工程桩承载力检验达不到设计要求，由于桩端持力层的改变，桩加长了反而承载力明显下降。后查明问题出在粉土层在成孔过程中出现塌孔而导致沉渣过厚。

故强调应正确理解［桩基规范］5.3.1 条的原意，乙级亦应试桩，对于用于参考的试桩资料，不仅要考虑“地质条件相同”与否，还要注意成桩施工的机械和工艺是否具有可参考性。

1.2　试桩目的

根据规范要求和工程需求，试桩目的可概括为:（1）测试单桩承载力;（2）试验性成桩施工。试桩，可以理解为“试验桩”“试作桩”的简称。

陈斗生先生总结超高大楼基础设计与施工经验①：大口径场铸桩之设计除考虑地层之工程特性、地下水之变化外，主要之考量为施工之工法、程序、使用之机械及管理与操作人员之成熟度，俾使完工之基础具一致之品质与工程特性。因此基桩之现场试作与达破坏之载重试验，为使用大口径场铸桩之重大工程为达安全而经济之设计之必要手段，除可使施工者与监造单位熟识设计者之基本假设与要求外，也可获得基桩设计与分析之实用数据。现场试作即试桩的试验性成桩施工。

“单桩的极限承载能力，迄今也还不能单纯通过理论计算予以确定，因为桩的承载力与桩型、桩材、成桩工艺以及地层土特性等众多复杂的因素有关。因此，要求通过一定数量的静载荷压桩试验来确定桩的承载力，作为设计的依据。”②

试桩在勘察与设计之间，其目的在于把握承载性状、验证地区经验值，为确定单桩极限承载力，需要加载至破坏。

试桩在设计与施工之间，其目的在于验证成桩的机械和工艺，通过试施工调整施工参数、成孔工艺、泥浆配制等。同样的地质条件，正循环钻孔、反循环钻孔、冲孔、旋挖成孔的施工工艺方法的不同，干作业成孔、泥浆护壁、全套管护壁的不同，以及质量过程动态控制均直接影响着桩基承载实际性状。“桩的承载力和安全系数不仅与它本身的几何条件和材料有关，还与土性、荷载条件、成桩机械和工艺、施工质量、时间效应等方面有着密切的、错综复杂的关系。”③

试桩在施工与检测之间，验证成桩施工工艺参数、质量控制，需要针对实际地质条件和桩型特点选用适宜的检测方法。

【惑】相关规范已经列出侧阻力和端阻力的经验值，还必须做试桩吗?

---

① 陈斗生. 超高大楼基础设计与施工之实务检讨［A］// 海峡两岸土力学及基础工程地工技术学术研讨会论文集［C］，西安，1994年10月。

② 刘兴录编著《桩基工程与动测技术200问》之序（作者：周镜 中国工程院院士）。

③ 沈保汉著《桩基与深基坑支护技术进展》之序二（作者：张在明 中国工程院院士）。

鉴于桩径大直径化、长桩以及超长桩的应用、成桩工艺的不同，经验值很可能存在相当的偏差，由于地层变化和承压水的影响，成桩施工尚需摸索经验，故试桩非常必要。

为了进一步阐明试桩目的与试桩意义，著者以“试桩效益”为题，通过试桩若能合理可靠地确定单桩承载力设计取值，则“试桩出效益”，合理判断极限荷载 Q_u 并确定单桩极限承载力标准值，进而根据承载力控制原则和沉降控制原则综合考虑确定单桩承载力特征值，即容许值，确定 R_a 取值不仅要考虑基桩竖向支承刚度的作用，还要考虑基础沉降变形的控制（图 1.3）。

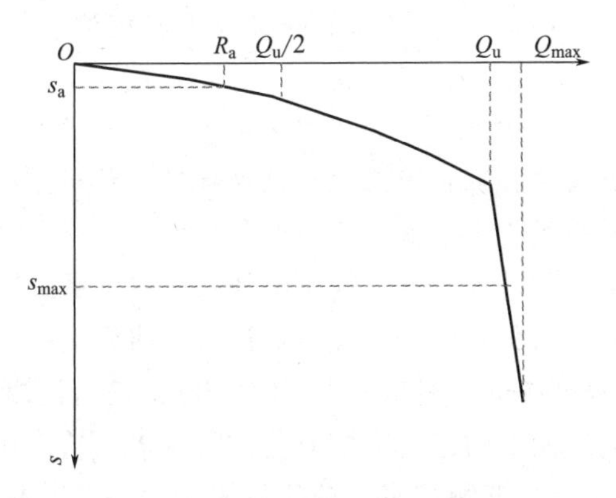

图 1.3 试桩承载力与加载关系

1.3 试桩效益

【**惑**】做试桩就是为了合规，不得不花钱，哪里出效益？

试桩出效益，用数据说话：事例 1 依据试桩确定的单桩承载力特征值由 4500kN 提高到 6000kN（提高了 1/3），事例 2 经过试桩使得桩基工程造价节约 1500 万元。

事例 1：在完成试桩数据分析研究之后，设计院专门编写了“关于建筑桩基基本试验的说明”：

鉴于工程建设场地地处潮白河故道，地质条件复杂，地下水位高，分布有可液化土层，砂土层厚度大且分布有软弱夹层，建筑桩基设计等级为甲级，根据北京市标准以及国家标准和行业标准相关规定，需要通过静载试验确定桩基承载力。

工程建设场区长 920m、宽 520m，软弱夹层分布有变化，为确保基本试验可靠性，经多次研讨与调整，最终确定了四个试验区，试验桩数量相应优化，节约了试验成本。考虑到地质条件复杂性，选择两个试验区进行了不同桩径的对比试验；为明确地层侧阻力与端阻力的发挥性状，系统地测试了桩身轴力；验证了成孔施工工艺；验证了后注浆工艺的可靠性。依据试验成果，工程桩设计的单桩竖向承载力特征值由初估值 4500kN 提高到 6000kN，提高幅度达 33%，同时统一了抗压和抗拔工程桩的设计桩径和施工工艺。

在指挥部统一领导下，经各方通力协作，试验工作顺利进行，取得了超预期成果，保证了工程桩的设计优化和高效施工，确保了工程质量，提高了投资效益。

针对特定工程建设场区，为了有效对比单桩承载特性、桩侧阻力发挥性状并通过桩身轴力实测数据进一步研究抗拔系数，各试桩设计桩径均为 600mm，有效桩长均为 20m，桩身混凝土强度等级均为 C40。试桩施工均选用旋挖成孔、后注浆工艺，其中抗压桩采用桩底及桩身全长桩侧注浆，抗拔桩采用桩身全长桩侧注浆。每个试验区均进行抗压桩和抗拔桩静载荷试验。试桩设计桩顶标高为 10.70m。试验区 1–1 自然地面绝对标高 19.70m，抗压试桩开挖至 16.70m 标高处进行检测，并采用长为 6.0m 的内外双套筒消除有效桩顶标高以上的桩身侧阻力。试验区 1–2 自然地面绝对标高 19.50m，抗压试桩开挖至 18.0m 标高处进行检测，采用长为 7.3m 的内外双套筒以消除有效桩顶标高以上的桩身侧阻力。两试验区抗拔桩均开挖至 10.70m 标高处进行抗拔桩静载试验。试桩与试验场区地层分布配置关系见图 1.4。

【工程纪事】该项目为重点工程，主管部门各级领导都高度重视，进行了 4 个试验区的试桩工作。但是，一开始并未取得共识，对于“要不要做这么多试桩”，争议争论不断，试验区从 5 个减至 4 个，每个试验区的测试项目同样经过反复讨论。即便如此，在试

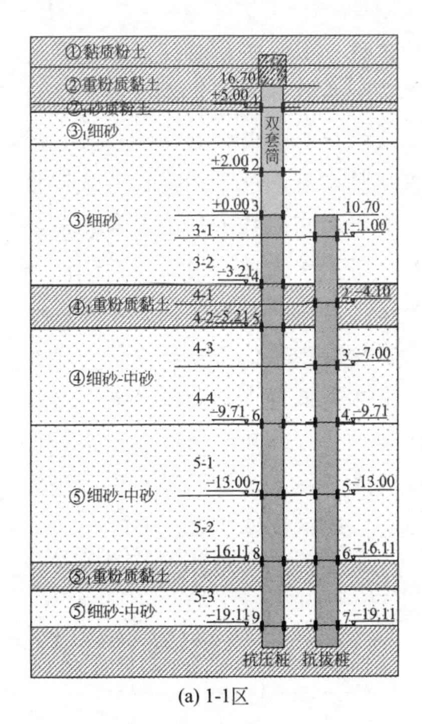

(a) 1-1区

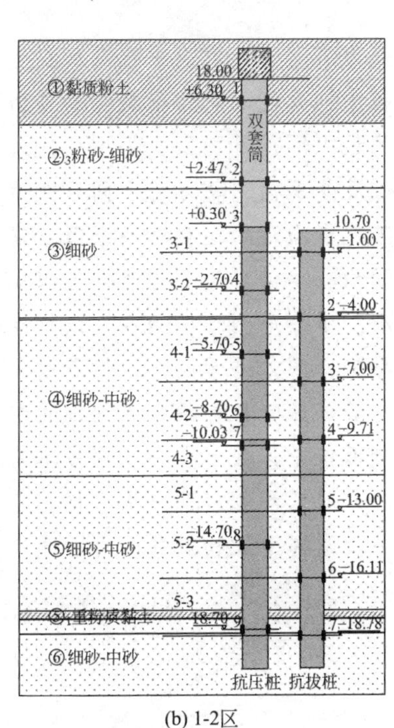

(b) 1-2区

图 1.4 地层分布与试桩配置示意

桩工作正式开始后，甚至在试桩工作结束之后，仍不时听到“试桩花钱太多”的议论，所谓“花钱多”的潜台词是“不值”，所以设计者专门与主任工程师、主管副总工程师、总工程师协商，决定起草“关于建筑桩基基本试验的说明”提交主管部门，最终由总工程师定稿，言简意赅就写一页。用数据说话，最终总算纾解了对于试桩花费的纠结。

事例 2：某工程的试桩静载试验曲线见图 1.5，根据地质勘察单位建议，所估算的单桩承载力极限值 Q_{uk} 为 6800kN，而实际加载的最大值达 16000kN，是估算值的 2.35 倍，因合理可靠地确定桩基承载力而节省桩基工程造价 1500 万元。

【工程纪事】“节省 1500 万元”这一皆大欢喜的成果，是设计者与甲方不断磨合、磋商、斗争的结果。起初，设计者阐述单桩承载力有潜力，建议进行高加载量的试桩，甲方将信将疑。在磋商过程中，设计者先按承载力估算值进行桩基设计，并提交了专门的桩基施工图设计图纸，据甲方代表说老板把桩基图锁在保险柜里。经过反复磋商，甲方终于同意做试桩。紧接着，设计者提出静载试验不能由当地的检测单位来做，建议委托北京的技术过硬且商誉度高的检测单位。读到这里，可以揣测一下，甲方内心是怎样的翻江倒海。甲方质问理由何在，设计者给出了具体的工程实例，事实胜于雄辩，甲方终于同意，但是提出北京的检测单位与当地单位一起参与静载试验招标投标，甲方的逻辑依然是低价中标。设计者一再强调低价中标并不合理，甲方不为所动。开标结果，出乎各方意料之外，北京检测单位一举中标。在现场进行静载试验的过程中，检测多次遭遇干扰和捣乱，所幸试验顺利，试桩数据可靠、可信。

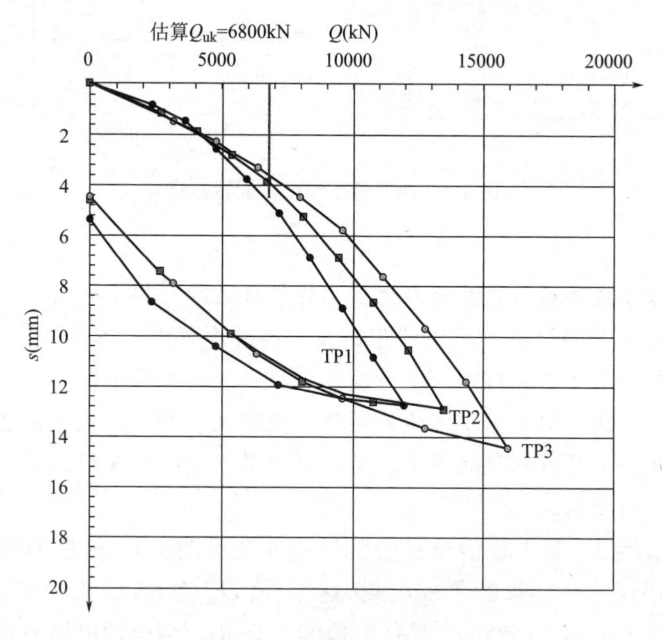

图 1.5 试桩 Q-s 曲线

事例 3：北京丽泽 SOHO

经试桩，验证因地制宜减短桩长的方案合理可行，桩端避开软岩，并通过灌注桩后注浆充分发挥卵石层的侧阻力，实现以短胜长，详见“第 11 讲试桩实例：北京丽泽 SOHO”和“第 9 讲试桩比较：嵌岩与入岩”。

1.4 试桩意义

试桩目的不等于试桩意义。试桩意义与试桩目的并非完全一致。“试桩效益”对于目的和意义均有涉及。

【按】试桩目的≠试桩意义

详见［桩基规范］5.3.2 条，积累侧阻力和端阻力的实测资料，建立经验关系，逐步增加以经验参数法确定单桩竖向极限承载力的可靠性，这可谓是试桩意义所在。以设计等级为丙级的建筑桩基为工程对象，按［桩基规范］5.3.1 条，可根据原位测试和经验参数确定单桩承载力取值，从中可知不断增强地区参数的可靠性具有重要工程意义。

根据［地基通规］5.1.1 条，桩基竖向承载力、水平承载力、抗拔承载力的计算属于桩基设计内容。这一要求使得试桩意义得以充分体现，试桩实测资料的积累与地区经验参数统计分析相辅相成。故试验与计算不可偏废，在重视试桩的同时，尚应加强关注桩基计算。

由于过去很长一段时期，建筑桩基长度有限，在桩的长度范围内，土体的上覆有效应力对桩的承载力，特别是桩侧摩阻力的影响不十分明显。因此我国相关的桩基规范，对桩侧摩阻力的取值，并不考虑深度影响，仅仅与土的条件，对于黏性土一般是液性指数挂钩，“这与国外的常规做法不同。国外规范一般认为桩侧摩阻力不仅与桩－土之间的黏着力和摩擦角有关，而且与考虑深度的有效上覆压力有密切关系。由于桩长的增加，从初步的分析看，国际上通用的评价方法似可更合理地对基桩的竖向承载力做出预测，对于更长一些的桩（50 ~ 60m）来说，评价方法的改变恐怕是势在必行的[①]。”因此理论分析、工程经验、现场试验，相辅相成不可偏废。

试桩意义在于不断积累工程实测数据，工程实测数据是理论研究的基础，同时是统计分析得出地区经验值的基础，还是推动行业技术进步、从桩基大国到桩基强国的发展基础。

1.5 试桩编号

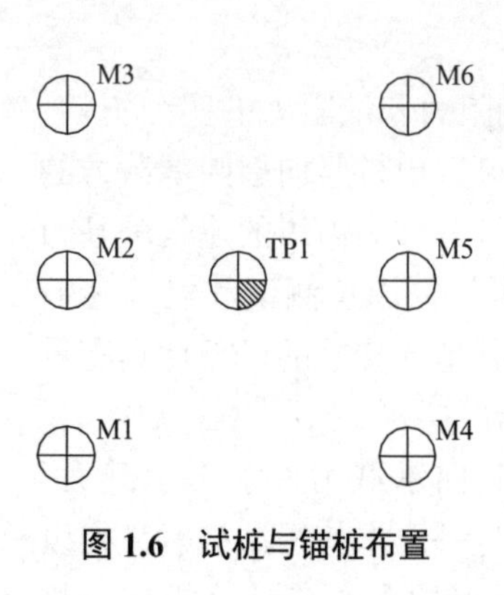

图 1.6 试桩与锚桩布置

目前常用的试桩编号通常有两类，其一是来自英文词语 Testing Pile 的缩写“TP”举例说明：西安国瑞金融中心 TP1 号试桩静载试验的桩位布置如图 1.6 所示，采用了 6 根锚桩（M1 ~ M6）；另一类汉语拼音缩写，SZ 即试桩的汉语拼音 Shi Zhuang 首字母缩写，还有把 SZ 简化为 S，如 SZ1 号或 S1 号均为 1 号试桩。同理，SYZ 表示试验桩（Shi Yan Zhuang），如图 1.7 所示。

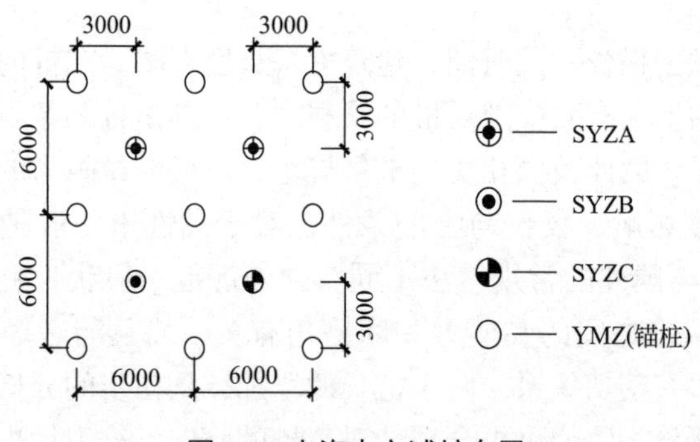

图 1.7 上海中心试桩布置

① 《北京地区高层和大型公用建筑的地基基础问题》（2005 年度“黄文熙讲座论文”，作者：张在明中国工程院院士）刊于《岩土工程学报》2005 年第 1 期。

1.6　辨析承载力检测方法

桩基工程通常按勘察、设计、施工和验收四个阶段进行。桩基承载力检测包括为设计提供依据而进行的试桩（试验桩）承载力检测和成桩施工后所进行的工程桩承载力检测。

试桩在勘察与设计之间，在设计与施工之间，其承载力检测应根据［地基通规］规定，其竖向抗压、竖向抗拔以及水平承载力均通过静载试验确定。

工程桩承载力验收检测方法，应根据桩实际受力状态和设计要求合理选择。以竖向承压为主的工程桩通常采用竖向抗压静载试验，考虑到高应变法快速、经济和检测桩数覆盖面较大的特点，对符合一定条件及高应变法适用范围的桩基工程，也可使用高应变法作为补充检测。例如条件相同、预制桩量大的桩基工程中，一部分工程桩可选用静载法检测，而另一部分工程桩可用高应变法检测，静载法应作为高应变法的验证对比资料。"必须指出，桩的动测法是静荷载试验的补充，不应也不能完全代替静载荷试验。"①

【附】规范要求

［桩基规范］：

5.3.1　设计采用的单桩竖向极限承载力标准值应符合下列规定：

1　设计等级为甲级的建筑桩基，应通过单桩静载试验确定；

2　设计等级为乙级的建筑桩基，当地质条件简单时，可参照地质条件相同的试桩资料，结合静力触探等原位测试和经验参数综合确定；其余均应通过单桩静载试验确定；

3　设计等级为丙级的建筑桩基，可根据原位测试和经验参数确定。

5.3.2　单桩竖向极限承载力标准值、极限侧阻力标准值和极限端阻力标准值应按下列规定确定：

1　单桩竖向静载试验应按现行行业标准《建筑基桩检测技术规范》JGJ 106执行；

---

①　刘兴录编著《桩基工程与动测技术200问》之序（作者：周镜 中国工程院院士）。

2 对于大直径端承型桩，也可通过深层平板(平板直径应与孔径一致)载荷试验确定极限端阻力；
3 对于嵌岩桩，可通过直径为0.3m岩基平板载荷试验确定极限端阻力标准值，也可通过直径为0.3m嵌岩短墩载荷试验确定极限侧阻力标准值和极限端阻力标准值；
4 桩的极限侧阻力标准值和极限端阻力标准值宜通过埋设桩身轴力测试元件由静载试验确定。并通过测试结果建立极限侧阻力标准值和极限端阻力标准值与土层物理指标、岩石饱和单轴抗压强度以及与静力触探等土的原位测试指标间的经验关系，以经验参数法确定单桩竖向极限承载力。

［国标地规］相关要求如下：

10.1.1 为设计提供依据的试验应在设计前进行，平板载荷试验、基桩静载试验、基桩抗拔试验及锚杆的抗拔试验等应加载到极限或破坏，必要时，应对基底反力、桩身内力和桩端阻力等进行测试。

［桩检测规］3.1.1条：

“基桩检测可分为施工前为设计提供依据的试验桩检测和施工后为验收提供依据的工程桩检测。”

［地基通规］：

5.1.1 桩基设计计算或验算，应包括下列内容：
1 桩基竖向承载力和水平承载力计算；
2 桩身强度、桩身压屈、钢管桩局部压屈验算；
3 桩端平面下的软弱下卧层承载力验算；
4 位于坡地、岸边的桩基整体稳定性验算；
5 混凝土预制桩运输、吊装和沉桩时桩身承载力验算；
6 抗浮桩、抗拔桩的抗拔承载力计算；
7 桩基抗震承载力验算；
8 摩擦型桩基，对桩基沉降有控制要求的非嵌岩桩和非深厚坚硬持力层的桩基，对结构体形复杂、荷载分布不均匀或桩端平面下存在软弱土层的桩基等，应进行沉降计算。

【重点提示】加强桩基设计计算的技术质量管理，包括完善计算书、加强三审制。

5.2.5 单桩竖向极限承载力标准值应通过单桩静载荷试验确定。单桩竖向抗压静载荷试验应采用慢速维持荷载法。
5.2.6 承受水平力较大的桩基应进行水平承载力验算。单桩水平承载力特征值应通过单桩水平静载荷试验确定。
5.2.7 当桩基承受拔力时，应对桩基进行抗拔承载力验算。基桩的抗拔极限承载力应通过单桩竖向抗拔静载荷试验确定。

第 2 讲　试桩之困

读到这一题目，也许大家不禁要思忖：困在哪里？

“困”概括的是试桩的两个所困，其一是技术方法之困，其二是工程伦理之困。

工程伦理并不抽象，可理解为职业道德教育，不同于一般的思想品德教育，关注工程师在工程中所面临的伦理困境而进一步引导关注工程伦理。

那么，试桩过程中，会面临怎样的工程伦理困境？

记得是在 2008 年，张在明院士首讲工程伦理，土木工程绝不允许出现“三聚氰胺”这一生动的类比，让工程界以及工程教育界为之震动。顾宝和大师在新著《岩土之问》中收录“岩土工程伦理刍议”[①]一文，值得一读再读。

试桩阶段，若通过试验得到承载力高值，就可以优化设计，减少桩基工程量，节省投资、加快工期。桩基施工完成后的验收阶段，若通过检验得到工程桩承载力全部合格的结论，则可以顺利通过验收。

试桩的承载力值“越高越好”、验桩的承载力值“全都合格”，在“皆大欢喜”之中如果有“三聚氰胺”，就存在工程伦理困境。

作为工程师的“你”会不会放入“三聚氰胺”——数据造假？当发现数据有假，“你”会不会放过“三聚氰胺”，睁一只眼闭一只眼？将会何去何从呢？

由于地基基础隐于地下，质量缺陷隐蔽，逾越红线的诱惑无处不在、无时不在，而且“红线”有时是那样的模糊，工程师们更需要一个坚强的工程伦理内核，包括勘察者、设计者、施工者、检测

① 顾宝和大师写道“岩土工程专业研究生要开伦理课，友人邀请我从岩土工程师角度谈谈伦理问题，便写了这篇命题作文”，这里提及的友人正是笔者，因为高校陆续开设研究生必选课“学术规范与工程伦理”，想到同样需要给工程师们讲讲工程伦理，故斗胆给顾大师布置了一篇“命题作文”。

者，切实做到精心勘察、精心设计、精心施工、精心检测。

事例 1：试桩“成功”

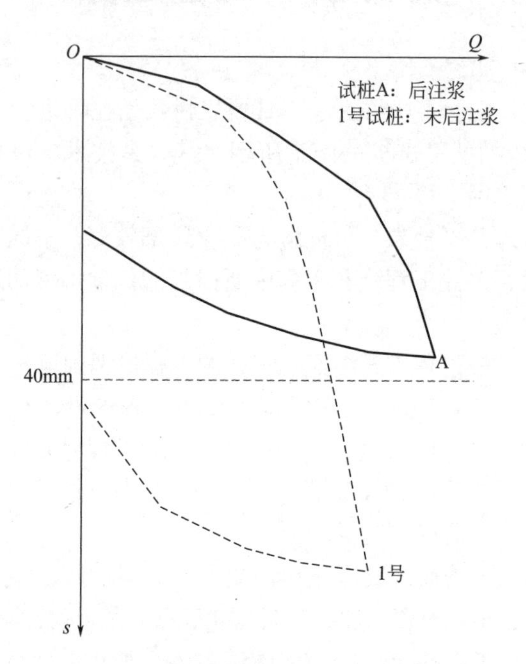

图 2.1　试桩静载试验曲线对比（一）

“成功”未必是成功，可能有隐情，可能存隐患。

试桩静载试验曲线对比如图 2.1 所示，由试桩 A 和 1 号试桩的 *Q–s* 对比得出试桩结论是灌注桩后注浆大幅度提高单桩承载力，试桩大获成功。但是如果仔细看图 2.2，2 号试桩同样是未后注浆的试桩，与试桩 A 比较可知，后注浆有增强效果但承载力提高幅度有限，特别需要注意的是，同样未进行后注浆，2 号试桩明显好于 1 号试桩，对于这一情况，值得思考。

事例 2：试桩桩身破坏

某工程的试桩，第 1 次静载试验测得的单桩承载力远低于预估值，经调查确认由于桩身破坏导致，在桩身修复后进行第 2 次静载试验，两次试桩静载试验曲线见图 2.3，桩身破坏不易确诊，实际工程中务必多加注意。

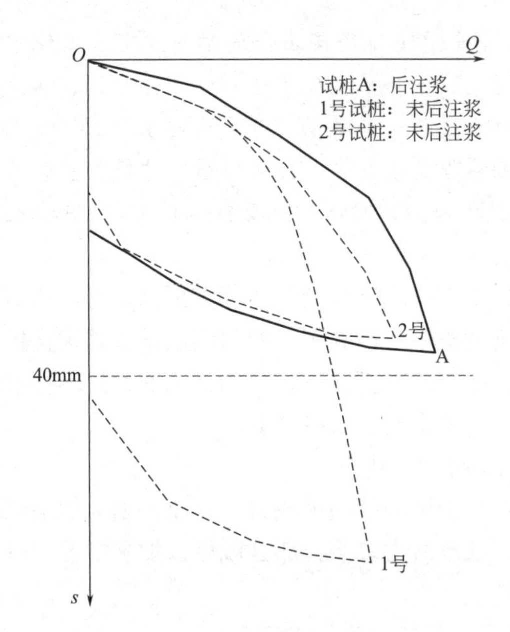

图 2.2　试桩静载试验曲线对比（二）

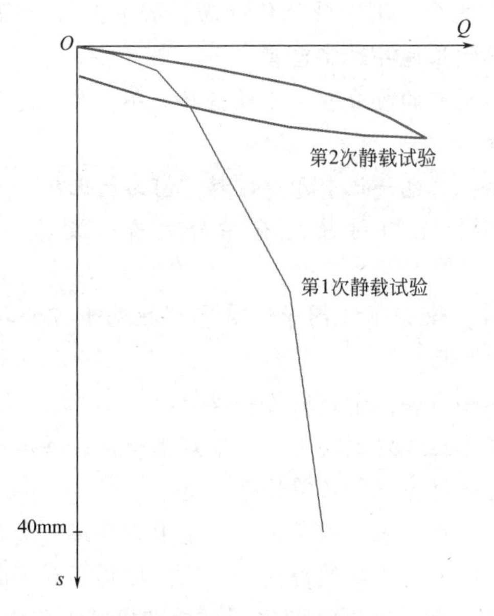

图 2.3　试桩 *Q-s* 曲线比对

【工程纪事】著者亲历某省会的桩基工程，未能如事例2那样做第二次试桩，而依据试桩结果进行施工图设计，桩基造价高、工期长，致使项目进展十分被动，开发公司主管工程的副总裁被迫引咎辞职，职业生涯备受打击。许久以后，才得知当时试桩桩头和检测过程有造假之嫌，正所谓“纸里包不住火”，若要人不知除非己莫为。

下文“打不打桩吃肉喝汤”是著者根据亲身经历写就。某省的重点工程，著者被甲方请到现场专门商议试桩并优化桩基设计。地基基础工程，要跟岩土打交道，又岩又土的，打不打桩跟吃肉喝汤有什么关系？讲讲亲历的试桩之事。

事例3：试桩“优化”

某些人不希望试桩得到承载力的高值，因为如果试桩结果不理想，或人为压低承载力取值，那么就可以加多桩数，趁加大桩基造价之机浑水摸鱼。

【工程纪事】打不打桩吃肉喝汤

吃肉喝汤，有肉有汤，本是或惬意或快哉的乐事，忽听闻“你要是不让别人吃肉，别人就让你连汤都喝不上”，听着像忠告，可细细想来，总觉虽逆耳恐非忠言。

落座施工总包的办公室，先款待功夫茶，且由总包一把手亲自侍茶。

几杯过后，总包一把手开口讨教“何为优化？”

著者会意，名曰讨教恐有弦外之音，故答曰“阁下以为如何？”

出乎所料，他并不绕圈子，直言“把两千万的打桩费用变成三千万，这叫优化！”

道不同不相为谋，于是敬茶告辞。

看来人家已经吃定这块肉了，潜规则使然，吾等喝汤事小、失节事大，不可助纣为虐，只得抽身而退。

实际上，著者并未一走了之，一是甲方基建负责人对于著者极其信任，同时出于工程师的责任心，重点加强了对于成桩施工质量的督导和检查，及时发现并解决了试桩和桩基承载力取值的问题，消除了安全隐患，规避了设计风险，也算是作了“优化”。

事例 4：试桩造假

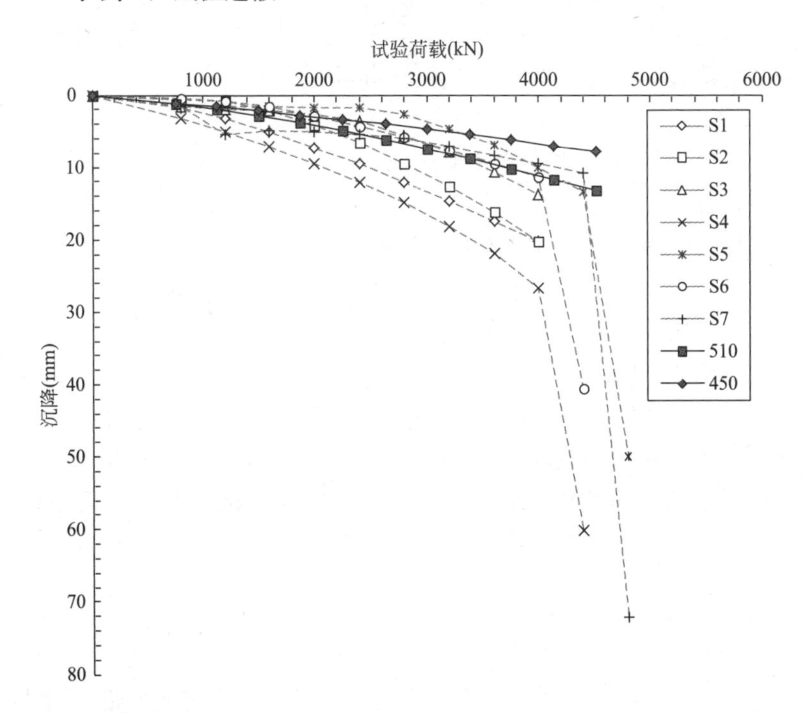

图 2.4 工程桩与试桩 *Q-s* 曲线对比

所有的试桩均顺利沉桩，并且承载力均满足设计要求，如图 2.4 所示，S1 至 S7 为试桩。设计负责人认真负责也很有经验，考虑到工程建设场地占地面积大，故试桩是均匀布置的，并非集中于一隅，据此判断试桩可以代表实地情况。

然而，从第一根工程桩开始，就出现了沉桩困难，随后越来越多的工程桩均不能达到桩尖设计标高，桩基施工不得不暂停。

著者建议请负责试桩静载试验的检测单位进行工程桩承载力检测，得到的建设单位的答复是原检测单位拒不同意，即使甲方不支付试桩检测费用，也不进场。进而可以推测出试桩和工程桩必有一假，而且判断试桩数据故意造假。

故委托另一家检测单位，所以图 2.4 中的 *Q-s* 曲线是两家单位完成的，著者在数据分析时，将其绘制于一图之中便于直观比较，其中 450 号和 510 号为工程桩。桩短了反而承载力提高了，证明先期的试桩失败，此事例未归入“第 3 讲试桩失败”，是因为失败是由主观造假导致的，故归入工程伦理问题。

【工程纪事】

2013 年夏季，当著者问到“请大家想一想，有多少人、多少专业工程师，参与了数据造假”时，突然天降暴雨，雨点砸在报告厅顶棚，声响巨大，讨论不得不暂停，短暂的静默，给在场的年轻工程师们留出了一个难得的思考片刻，缄默来得恰如其分。

常言道，人在做、天在看，看来老天也看不过去了。

事例 5：地面试桩之困

软土地区地下水位高、土质软弱，深基坑开挖需要多道内支撑进行支护，难以实现坑底试桩，常采用地面试桩，如图 2.5 所示，基坑开挖范围内的桩侧阻力是无效的，需要从试验加载 Q 值中扣除，隔离无效段的桩侧阻力的双套管法应运而生。然而，双套管法

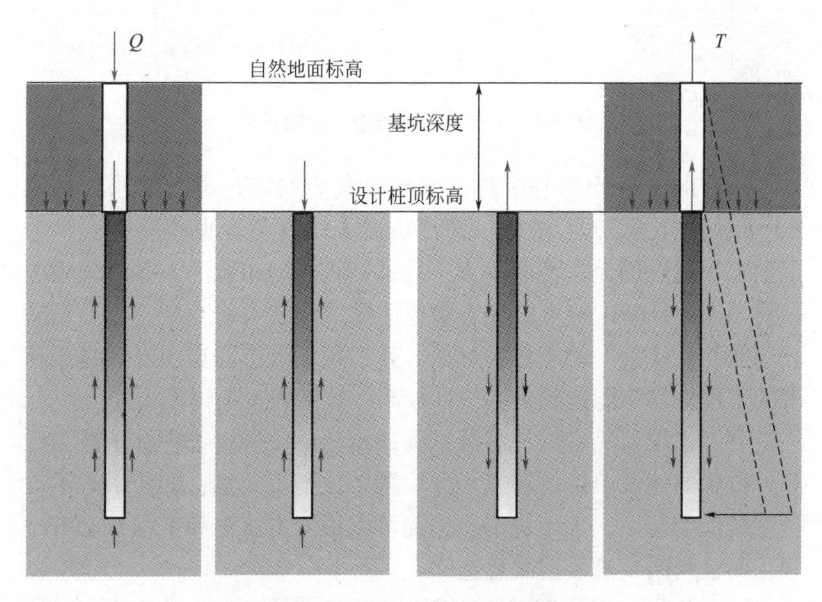

图 2.5　地面试桩与坑底试桩示意

仍无法准确测得有效桩长范围的承载力，特别是深开挖的工况条件，据此得出的承载力取值会被高估，进而导致桩基偏于不安全的设计，由图 2.6 可知，同一工程，开挖后针对工程桩所做的坑底试桩与地面试桩承载性状差别明显，可得出结论，由于技术方法之困而致试验失败。

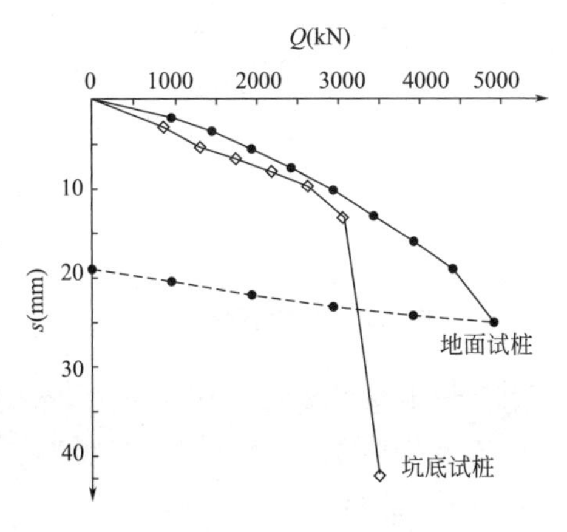

图 2.6 试桩对比

基于试桩结果的数值模拟计算表明，深层地下开挖对抗拔桩产生较大的影响。对于等截面桩，由于卸荷土体围压减小引起的桩基承载力削弱达 30%，由于土体回弹引起桩身预拉轴力达 1411kN。基于上述结果，在工程抗拔桩基设计中采取了相应的对策[1]。

超深开挖产生的卸载效应会减小桩身法向应力，导致侧摩阻力下降，使桩的极限承载力降低[2]。

当上覆土层较厚时，实际测试表明，在相同荷载作用下的桩顶变形是偏小的。直接应用试桩结果存在一定风险，需要在实际工程设计的应用中考虑上覆土层对测试结果的影响[3]。该项目的工程桩承载力检验（验桩）静载试验曲线见图 2.7，由验桩与试桩 *Q-s* 曲线比较可知桩基设计时充分考虑了试桩检测单位的建议。

【按】在大数据（Big Data）时代，更应当关注数据（Data）的真实、可靠、全面。需要注意的是，真实≠可靠，而且（真实 + 可靠）≠全面。

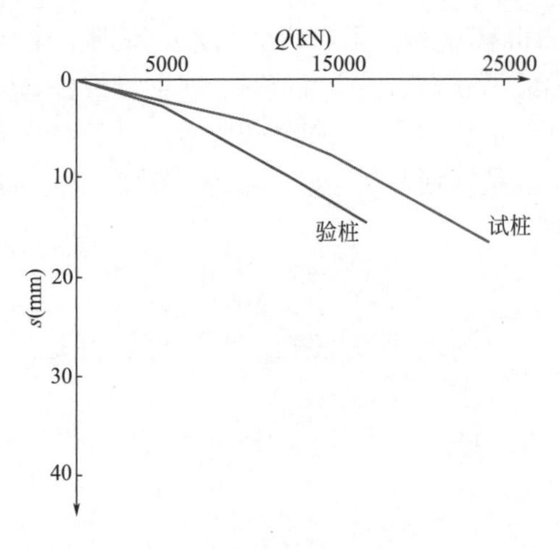

图 2.7 试桩与验桩比较

技术方法不对，结果是真实的，但不可靠。举例：地面试桩，单桩承载力值是经实测得到的，但不可靠，提醒各方注意地基土自重应力对试验数据结果的影响。

数据既真实又可靠，但不全面。举例：灌注桩后注浆提高系数，采取后注浆的试桩，试验结果真实、可靠，但是分析比较后注浆增强效果时，需要注意谁跟谁比较，是试验值与试验值作比较，还是试验值与计算值相比较？参见图 2.1 和图 2.2。如果仅仅是试验值与计算值相比较，那么对于分析后注浆增强效果，并不全面。

参考文献

[1] 王卫东，翁其平，吴江斌．上海世博500kV地下变电站超深抗拔桩的设计与分析［J］．建筑结构，2007（5）：107–110.

[2] 郑刚，刁钰，吴宏伟．超深开挖对单桩的竖向荷载传递及沉降的影响机理有限元分析［J］．岩土工程学报，2009，31（6）：837–845.

[3] 邹东峰，徐寒，钟冬波．去除非有效段桩侧阻力的静载试验隔离措施［J］．工业建筑，2007（4）：22–24.

第 3 讲　试桩失败

所述及的试桩失败，可按两类理解：一类是真失败，未达到试桩目的，可谓是真失败：Q_{uk} 实测值显著低于预期值，严重偏离地区经验值或理论值，因桩身破坏而未测得合理的侧阻力值或可靠的端阻力值等情况。

$$R_a = \frac{1}{K} Q_{uk}$$

而另一类，应该理解为试桩的“失败”，所谓的失败，因各方所持的立场不同、视角不同，会得出各自的观点，即一方认为的“成功”恰恰是另一立场、另一视角的“失败”，或起初认为的“成功”最终导致失败（见事例 6）。例如，过高的极限荷载值 Q_u，以为的优化方案，结果工程桩承载力检验不合格，或是非破坏性试验，实际的极限荷载值 Q_u 被低估，导致桩基造价增大，此类“失败”亦可参见“第 2 讲试桩之困”；或者是一方认为的“失败”，恰恰是另一种“成功”，如发现了地质条件的特殊变化，或找出成桩工艺质量存在的问题等，读者可根据亲历补列周全。

接下来列举的事例均为著者亲历。

事例 1：$Q_{uk} \neq 2R_a$

当安全系数取 $K=2$ 时，极限承载力值 $Q_{uk}/2=R_a$，因此就有 $2R_a=Q_{uk}$，这样的习惯思维并不正确。因为单桩承载力计算公式不同于纯粹的数学公式，不同于加减乘除四则运算。

若令 $2R_a=Q_{uk}$，则此时的试桩仅为验证，难以得到真正的极限承载力值，若果然如此则可谓试桩失败！

两个项目的试桩参数见表 3.1，处于同一场区，地质条件相同，其试桩 Q-s 曲线如图 3.1 所示。由图 3.1 可知，项目 1 试桩测得极限荷载，而项目 2 未达极限，此时，项目 2 的单桩承载力特征值依据试桩确定取值固然也是安全的，但是单桩承载力是否仍有潜力，不得而知。

试桩参数 表 3.1

试桩参数	基坑深度（m）	桩径（mm）	有效桩长（m）
项目 1	21.0	800	31.0
项目 2	19.5	800	25.0

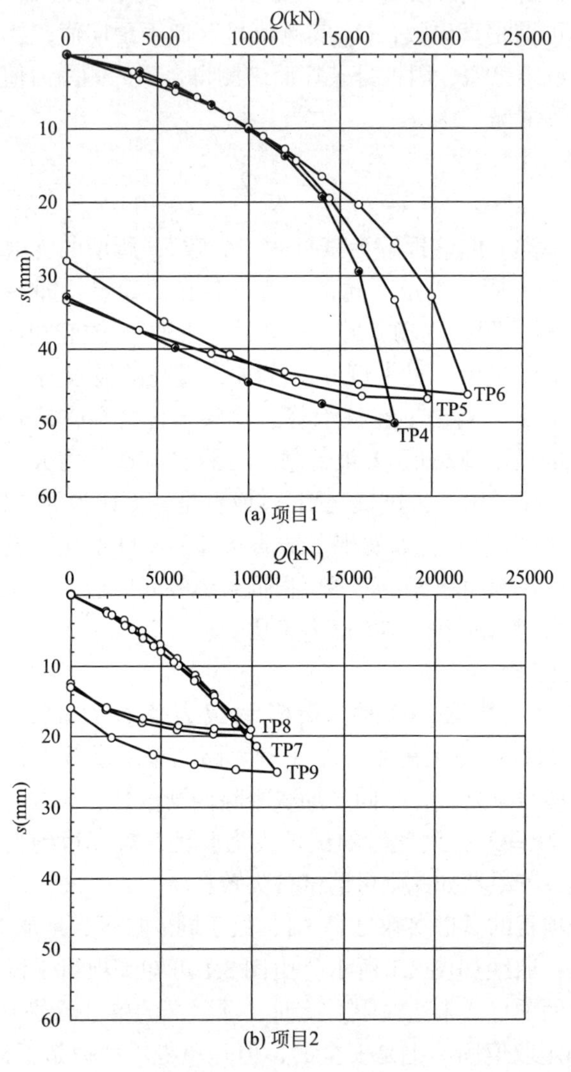

图 3.1 试桩 *Q*-*s* 曲线对比

事例 2：后注浆仅提高 1.2 倍

回溯当时情境，设计方坚持通过实地试桩确定钻孔灌注桩后注浆实际效果，甲方坚持后注浆仅提高 1.2 倍，即按 $1.2Q_{uk}$ 作为静载试验的最大加载量，Q_{uk} 是按照地勘报告建议的侧阻力 q_{sk} 和端阻力 q_{pk} 经验值计算得出的。其考虑的出发点是为了节省试桩的费用，包括静载试验费用和锚桩所需的费用。

最终得到的静载试验曲线如图 3.2 所示，可见 *Q-s* 曲线呈缓曲变形，属于非破坏性试验，实际的极限荷载值 Q_u 未被测出，按此试桩所得到的单桩承载力进行设计，固然也是安全的。但是，单桩承载力不得而知，很可能仍有潜力。

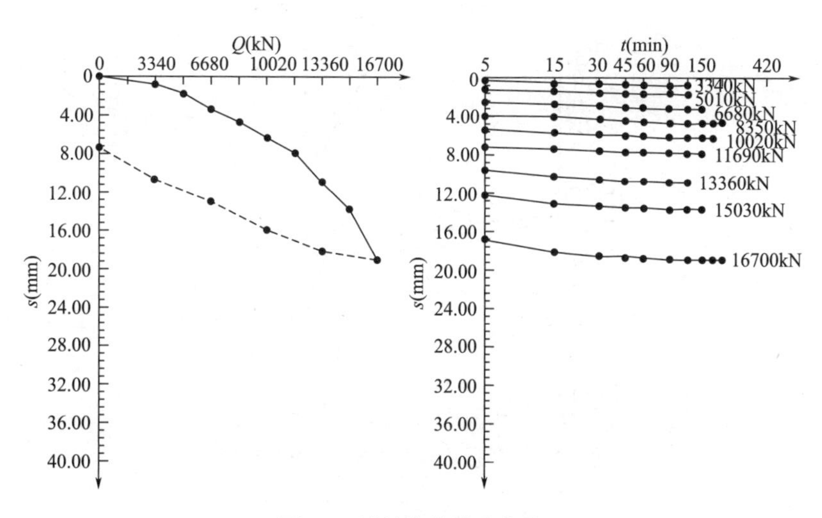

图 3.2　试桩静载试验曲线

事例 3：同一场地长桩失败

各方重视试桩工作，故专门划定试验场地，在现状地面进行试桩。同一场地既布置了长桩，也布置了短桩，均为泥浆护壁旋挖成孔灌注桩，并全部采用桩侧 + 桩端后注浆，目的是桩长比选，为确定主力桩型提供依据，试桩参数与单桩静载试验实测极限荷载汇总见表 3.2，而预估的最大试验加载分别为 30000kN（长桩）、

15000kN（短桩）。由图 3.3 可知，长桩承载性状极不理想，据此可以下结论同一场地试桩长桩失败。

试桩参数与实测极限荷载汇总　　表 3.2

试桩	桩径（mm）	施工桩长（m）	有效桩长（m）	极限荷载 Q_u（kN）
长桩	1000	72	55.0	14880
短桩	1000	53	36.0	19640

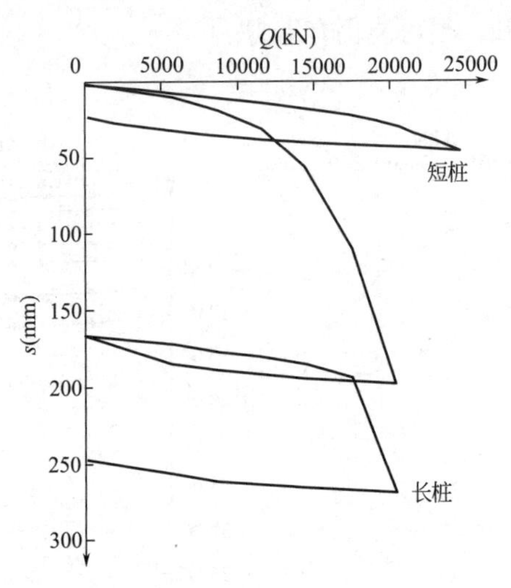

图 3.3　试验区内长短试桩 Q-s 曲线对比

事例 4：同一场地短桩胜出

某工程场地亦为软硬交互沉积地层（图 3.4），桩基设计时为选择合理的桩端持力层，提高桩的利用效率，对两个可能的持力层作了比较，进行了同一场地内的两个不同持力层的试验桩的单桩承载力测试。试桩桩长为 53m（简称为长桩），试桩桩长为 33m（简称为短桩），桩长相差 20m，长桩、短桩的桩端持力层分别为卵石层、砂层，试桩静载试验曲线如图 3.5 所示。可知，两者的承载力基本相同。最终，桩基设计以砂层为桩端持力层，桩基工程造价、工期节省。

事例 5：桩长执念

试桩桩径为 600mm，有效桩长为 28m，单桩静载试验测得的极限承载力 2 根试桩达到 4900kN，1 根达到 4400kN，设计院在设计时将有效桩长增加 3m，工程桩实际有效桩长为 31m。由于加长了这 3m 桩长，工程桩的桩端持力层为⑪粉质黏土层，而试桩桩端持力层为⑩粉土层。回溯桩基设计，设计者的理由是两层的 q_{pk} 值相近，桩端入土更深，桩更长则承载力会更高。虽然为安全起见，单桩极限承载力按试桩结果的最小值 4400kN 取值，结果工程桩承载力检测 6 根桩，5 根桩不合格，代表性的工程桩承载力检测 *Q-s* 曲线见图 3.6。

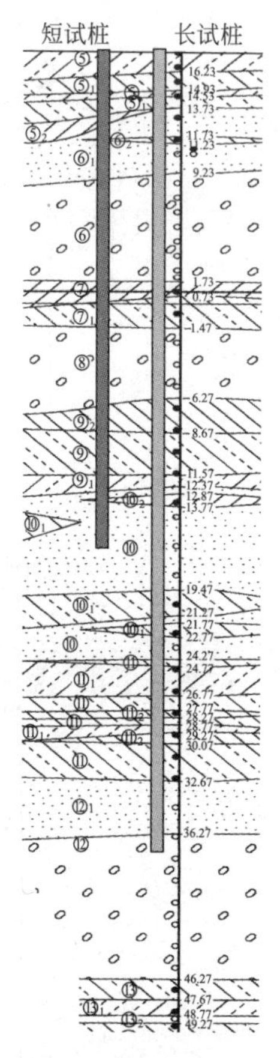

图 3.4 试桩与地层配置关系

根据单桩承载力计算公式，承载力与桩长似乎是线性相关，对于桩侧阻力而言，桩越长则桩侧阻力越大，故而容易形成执念，其实桩越长并非承载力越高，被执念所累。

需要重点强调的要点：其一，更换桩端持力层，则试桩结果不宜再作为设计依据，因为不再是同条件；再者，粉土层和粉质黏土层，虽然物理力学性质均相近，但是受成桩工艺以及过程质量控制的影响，其承载性状出现了差别明显的变化。值得反思的是，桩长设计毁于随意，犯了想当然、自以为是的错误，因此“毋意、毋必、毋固、毋我”同样适用于桩基设计。

事例 6：试桩“成功”

美国旧金山市的千禧塔（Millennium Tower）采用短预制桩，试桩不可谓不成功，但是依据试桩所完成的桩基设计方案，却最终导致倾斜。

千禧塔是位于旧金山市中心南区的一个商住混合开发项目，建成后将是旧金山最高的住宅楼，主楼地上有 58 层、高度为 196.6m

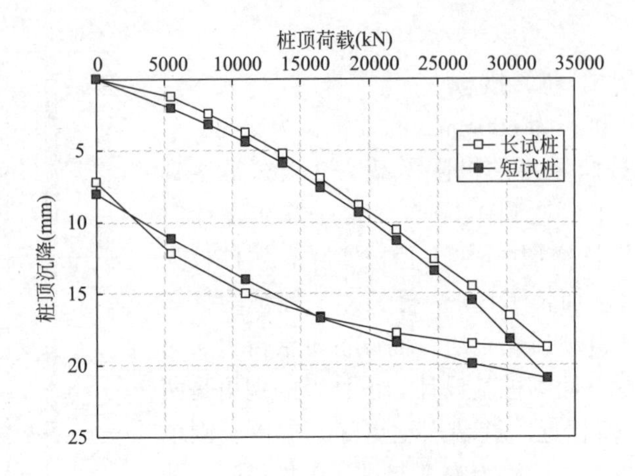

图 3.5　同一场地长短试桩 *Q-s* 曲线对比

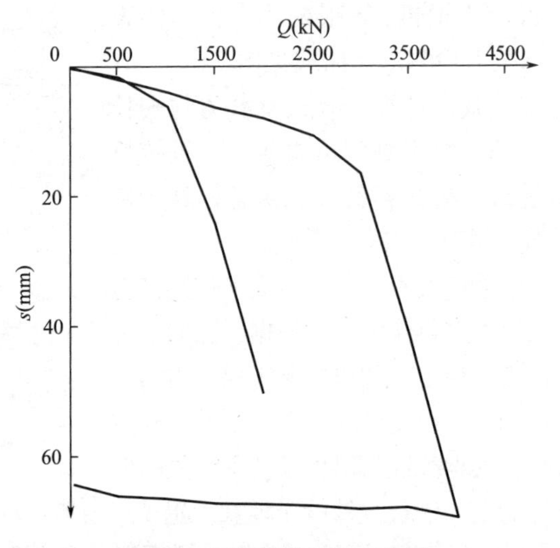

图 3.6　工程桩检测 *Q-s* 曲线

（645ft），裙楼地上 9 层。主楼设有一层地下室，基础形式为筏形基础，基底埋深约 7.6m（25ft），筏形基础厚约 3m（10ft）。裙楼采用天然地基方案，基底埋深约 22.9m（75ft）。主楼采用桩基方案，共 942 根边长约 355mm（14in）的预制钢筋混凝土方桩，桩长约 20m，桩端持力层为砂层，其下为厚层黏土层，桩长与地层关系如图 3.7

所示。预制桩采用锤击沉桩方式，施工现场见图 3.8。

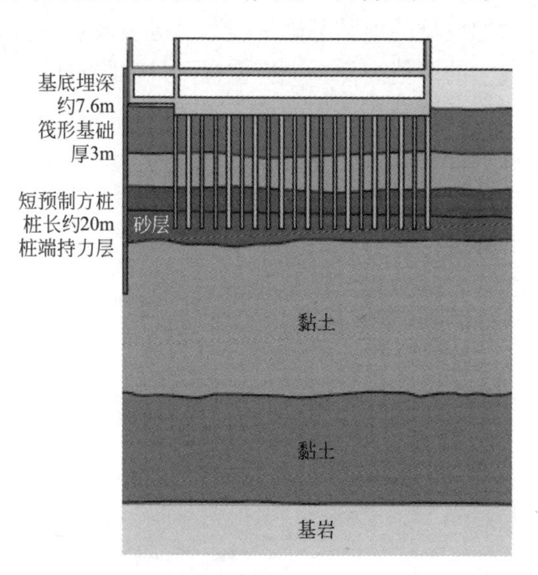

图 3.7　桩端持力层示意

图 3.8　预制桩施工

由图 3.9 可见，自建造伊始，实测的基础沉降既大且快，与预测值差别显著，由于差异沉降均过大导致建筑倾斜，引起广泛关注，最终酿成公共事件。

从这起堪称典型的地基基础工程案例应当汲取的教训是，不仅关注单桩承载力的取值高低，更应重视群桩沉降量的有效控制。地基基础沉降变形计算分析所用的模型参数值得深入反思。需要注意的是裙楼基底埋深（22.9m）远深于主楼（7.6m），而且本工程建造顺序是主楼先施工再开挖裙楼深基坑，需要深入分析深开挖对于主楼沉降变形的影响并应采取相应的针对性措施。

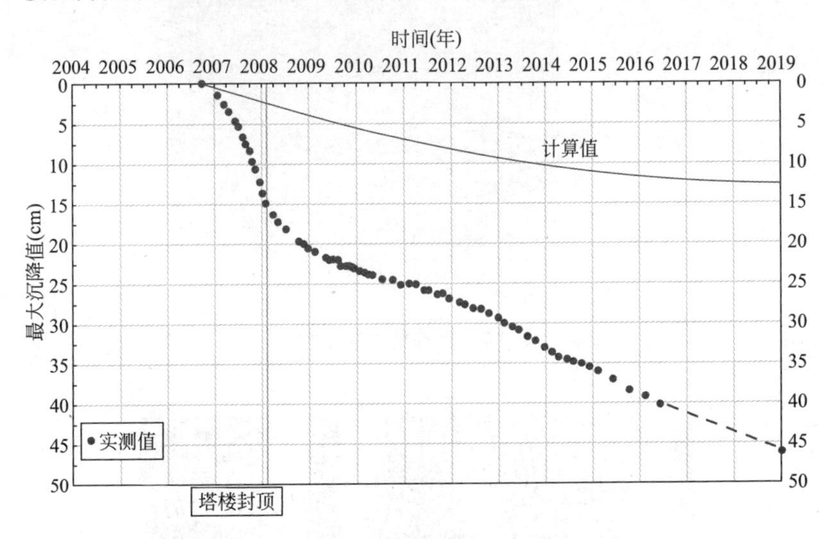

图 3.9 实测沉降 - 时间曲线

根据［地基通规］第 5.1.1 条第 8 款的规定，桩端平面下存在软弱土层的桩基，应进行沉降计算。

5 桩基

5.1 一般规定

5.1.1 桩基设计计算或验算，应包括下列内容：

1 桩基竖向承载力和水平承载力计算；

2 桩身强度、桩身压屈、钢管桩局部压屈验算；

3 桩端平面下的软弱下卧层承载力验算；

4 位于坡地、岸边的桩基整体稳定性验算；

5 混凝土预制桩运输、吊装和沉桩时桩身承载力验算；

6 抗浮桩、抗拔桩的抗拔承载力计算；

7 桩基抗震承载力验算；

8 摩擦型桩基，对桩基沉降有控制要求的非嵌岩桩和非深厚坚硬持力层的桩基，对结构体形复杂、荷载分布不均匀或桩端平面下存在软弱土层的桩基等，应进行沉降计算。

第 4 讲　桩身轴力

4.1　轴力之用

【惑】为何要测桩身轴力？

当试桩的承载性状出现异常状况时，实测桩身轴力随深度的分布变化反映出荷载传递机理，并可以验证桩侧阻力和桩端阻力实际发挥，有助于做到“知其然”并“知其所以然”，为明察原因提供技术支撑依据。

在静载试验的过程中，通过桩身轴力测试，对于不同地质条件和各异的成桩施工工艺，不断探究承载性状，系统积累桩侧阻力和桩端阻力的实际发挥数据，使得各个桩型承载机理更为明晰、工程经验值更为科学、合理，正是试桩意义之所在和体现。

下面结合工程实例加以说明。

事例 1：某工程桩基设计采用嵌岩桩，然而试桩静载试验曲线如图 4.1 所示，试桩承载力试验值均未达到设计预估和勘察报告提

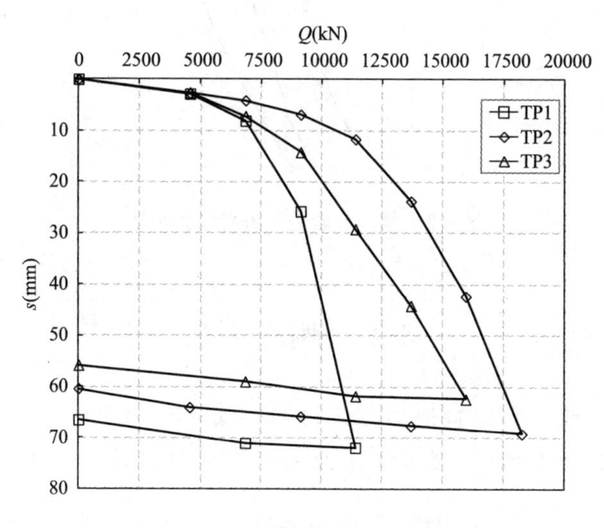

图 4.1　某“嵌岩桩”试桩 Q-s 曲线

供的相应参数，3 根试桩的检测结果明显偏低且离散性大，其极差为平均值的 30.9%，在试桩方案制定过程中，设计院特别强调了试桩桩身轴力测试的重要性，其检测结果见图 4.2。

在桩基承载力测试过程中，按设计要求，进行了桩身轴力测试（图 4.2）。在极限荷载作用下，TP1 试桩桩侧阻力约占总荷载的 70%，桩端阻力约占总荷载的 30%，TP2、TP3 试桩桩侧阻力和桩端阻力各约占总荷载的 50%，桩端阻力发挥较差，可以判断均与嵌岩桩承载特性不符。其后，不仅通过钻芯法验证桩端岩性及后注浆效果，而且针对桩端持力层进行了补充勘察，调整成桩施工工艺方法，加大了灌注桩后注浆的注浆量。

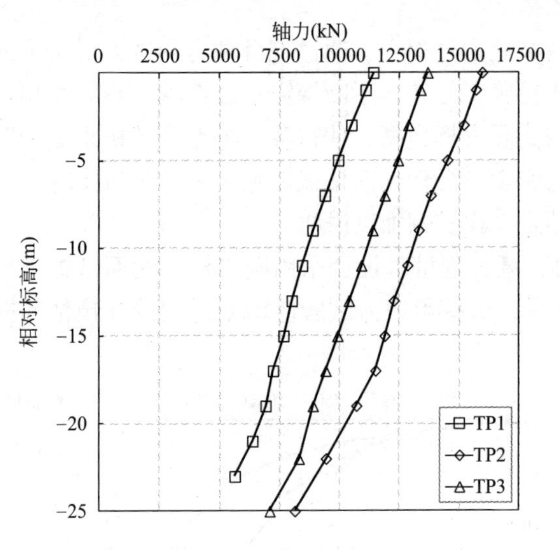

图 4.2　某“嵌岩桩”桩身轴力分布

4.2　测试方法

桩身轴力测试宜根据测试目的、试验桩型及施工工艺选用：电阻应变式传感器、振弦式传感器、滑动测微计、光纤式应变传感器。

4.2.1 分布式光栅光纤

上海中心大厦的试桩，采用双层钢套管隔离基坑开挖段桩土接触，分布式光纤应变测试沿桩身每 5cm 采集一个数据，可实现桩身连续量测，将光纤量测的桩身应变值进行换算可得桩身轴力[1]。

考虑到海量数据，著者沿桩身每隔 5m 取桩身轴力值分布曲线绘制于图 4.3，由桩身轴力变化可知，A02 号试桩双套管作用有效发挥，其端阻比为 13.08%，而 A01 号试桩因双套管未发挥作用，其端阻比为 3.23%，明显小于 A02 号试桩。桩侧摩阻力沿桩长的发挥具有异步性，荷载水平较小时，桩侧摩阻力分布曲线呈单峰状，随荷载水平增加，桩侧摩阻力分布曲线经历峰值不断增大下移、桩端附近逐渐展开的变化过程；桩体上部分侧摩阻力发挥至极限后，出现不同程度软化现象[1]。详细分析请参见“第 16 讲试桩实例：上海中心大厦”。

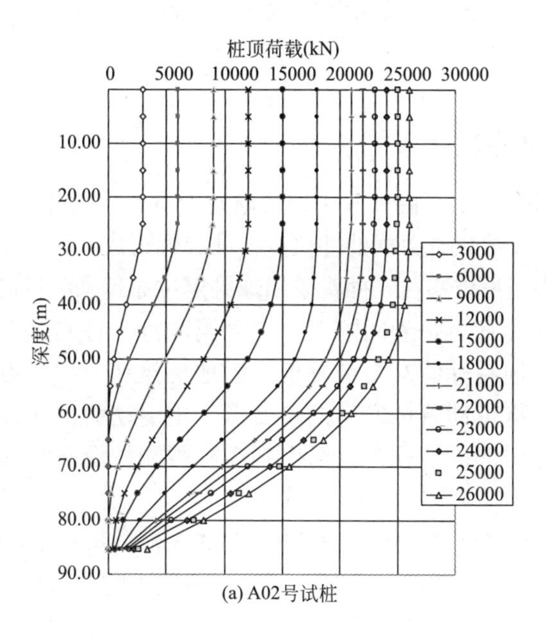

(a) A02号试桩

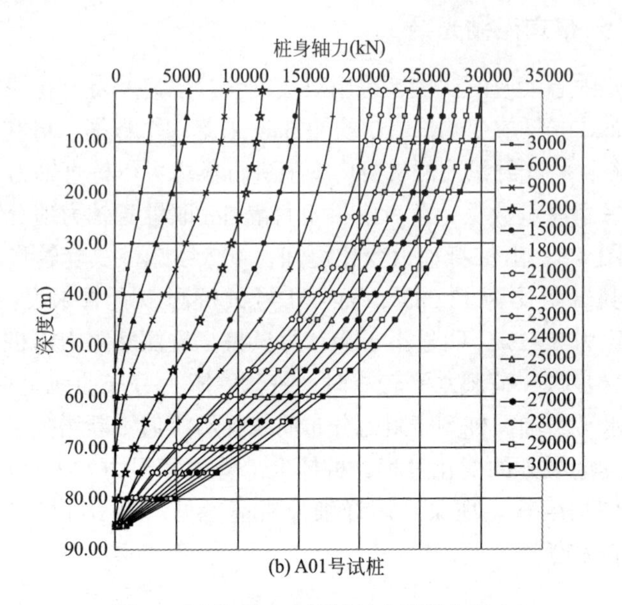

(b) A01号试桩

图 4.3　上海中心大厦试桩实测桩身轴力

4.2.2　滑动测微计

滑动测微计主要由探头（内含电感位移计和温度传感器）、电缆、导杆、读数仪、数据处理仪、校准装置组成，其主要原理是沿测线以线法测量位移量，探头采用球锥定位原理来测量测管上的标记，在塑性套管上每米间隔有一个金属测标，将测线划分成若干段，通过预埋测标使其与被测桩牢固地浇筑在一起，当被测桩发生变形时，将带动测标发生同步变形。用滑动测微计逐段测出各标距长度随时间的变化，从而得到反映被测桩沿测线的变形分布规律。

国瑞·西安金融中心（高 350m）的 3 根抗压试桩均进行了滑动测微应力测试，检测单位进行了土层侧阻力的计算分析，桩侧阻力实测值与勘察报告取值进行对比（图 4.4），可见测试成果很好地反映了基桩受力情况，抗压桩端阻力为零，为纯摩擦桩，呈现桩顶桩端摩阻力小、桩中间摩阻力相对较大的趋势，最大单位摩阻力介于 180 ~ 194kPa 之间，位于距桩顶 39 ~ 47m 处的粉质黏土⑧层或中砂夹层⑦$_1$ 和粉质黏土⑧层交界面[2]。

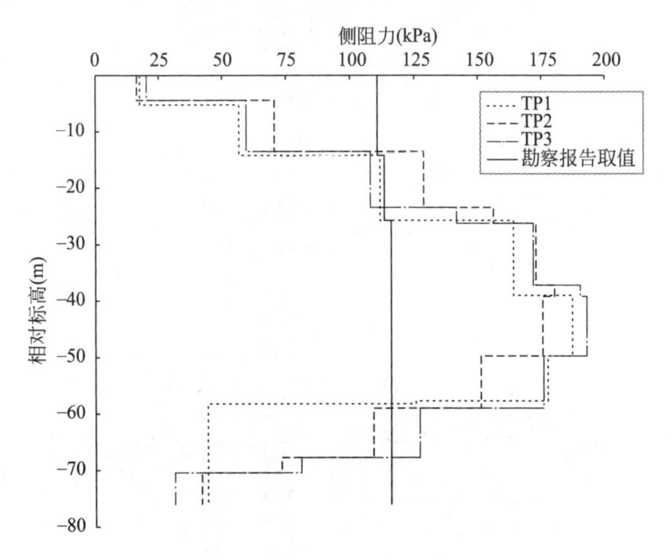

图 4.4　试桩桩侧阻力实测值分布

4.3　数据应用

4.3.1　实测抗拔系数

为了获得桩侧阻力发挥特性并比较抗拔试桩与抗压试桩侧各土层的极限侧阻力，以计算桩侧土层的抗拔系数，在试桩桩身设置应力计。根据场地土层的分布情况，抗压试验桩在桩身 9 个截面处设置了钢筋应力计，其中有效桩身设置 6 个，1、3 断面对称设计 4 个钢筋应力计，其余断面对称设置 2 个钢筋应力计。抗拔试桩在桩身 7 个截面处设置了钢筋应力计，每个断面对称设计 2 个钢筋应力计，在 1、2 断面对称安设 4 个钢筋应力计，1–2 区试桩钢筋应力计安装位置见图 4.5，其轴力测试结果如图 4.6 所示。1–2 区试桩砂土层抗拔系数平均值分别为 0.57、0.57 和 0.58。

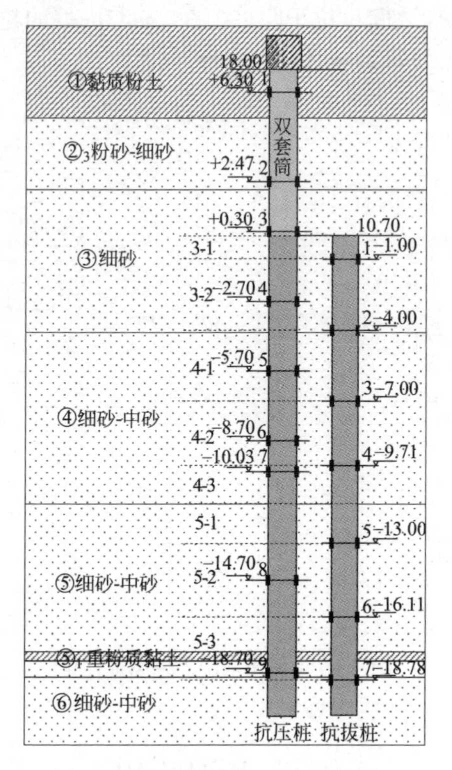

图 4.5　试桩钢筋应力计安装位置

4.3.2　判断承载性状

事例 2：短桩因何而胜

同一场地的试桩实测桩侧阻力随深度的分布，如图 4.7 所示，为长桩与短桩，结果测得的单桩承载力几乎相同，两者桩长相差 20m，桩身轴力测试结果证实了短桩胜长桩的原因。可知，短桩桩侧阻力实际发挥更加充分，以桩侧同一卵石层的侧阻力值为例，短桩时的桩侧阻力发挥至 503kPa，远高于长桩的 283kPa。

事例 3：北京丽泽 SOHO，设计采用“短桩”方案[3]，避开第三系的不利影响，充分发挥砂卵石层的侧摩阻力，通过桩身轴力对

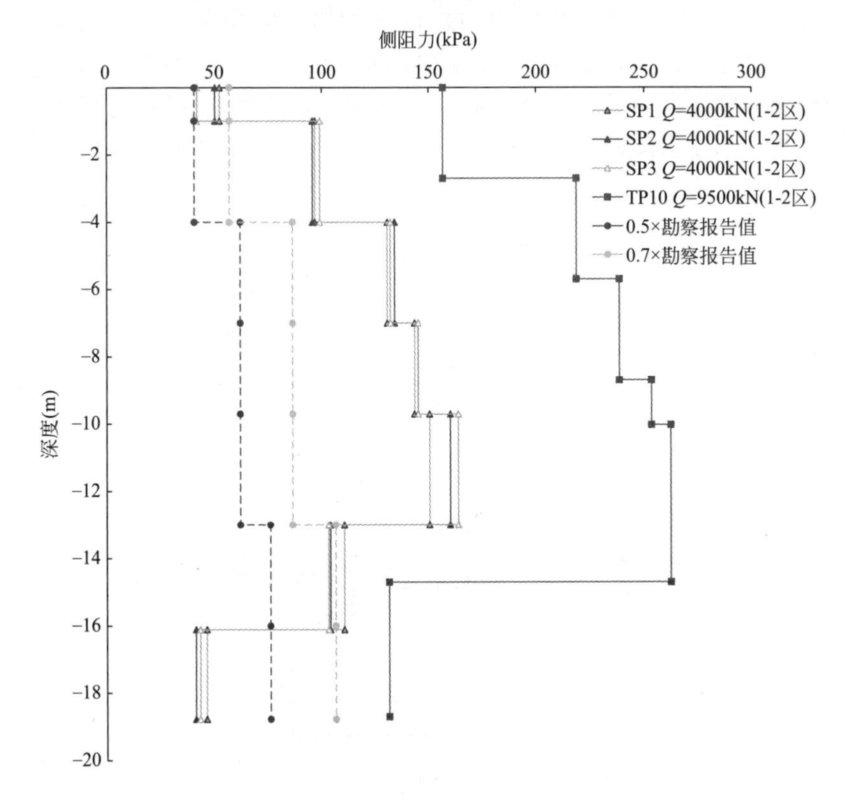

图 4.6 轴力测试结果

比分析，验证了桩的侧阻力与端阻力互制机理，详见“第 9 讲试桩比较：嵌岩与入岩”和“第 11 讲试桩实例：北京丽泽 SOHO”。

事例 4：陕西信息大厦

陕西信息大厦工程进行了场外 3 组单桩竖向承载力静载荷试验，研究黄土地基中超长钻孔灌注桩工程性状[4]，在 3 根试桩中每根试桩桩身设置成 21 层，每层 4 根振弦式钢筋计量测桩身轴力传递。由于成孔施工时间长短不同而致泥皮厚度不同，以黄土⑥层为例，通过实测桩身轴力，反映出桩侧阻力的变化特征（图 4.8）。

通过试桩分析表明，非湿陷性黄土、粉质黏土由于其高结构性正常施工质量的钻孔灌注桩极限侧阻力标准值或已发挥的侧阻力值远大于［桩基规范］中相应的数值，而且随土的液性指数减小，埋藏深度增大，该值也增大。这说明在黄土地基中钻孔灌注桩有较高的承载潜力和良好的工程性状[4]。在保证钻孔灌注桩施工质量的前提下，可借助桩身轴力传递和侧阻力、端阻力的量测缩短桩长，节约投资。

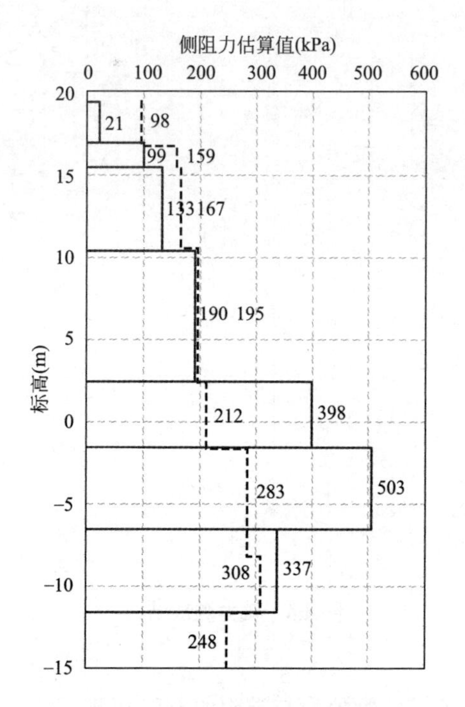

图 4.7　实测桩侧阻力随深度的变化

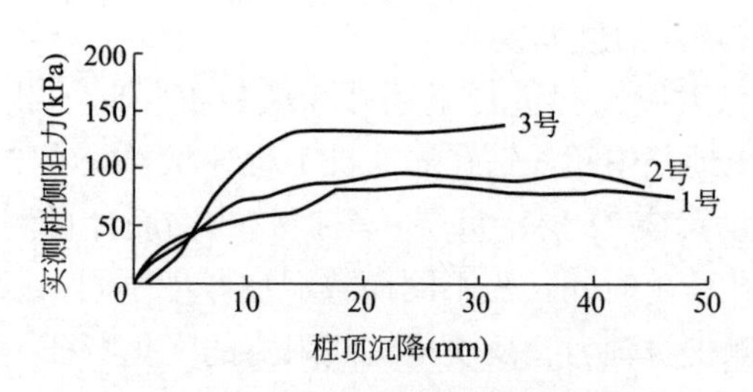

图 4.8　黄土⑥层侧阻力发挥曲线

【附】相关规范条文

(1)[桩基规范]相关条文:

5.3.2 单桩竖向极限承载力标准值、极限侧阻力标准值和极限端阻力标准值应按下列规定确定:

1 单桩竖向静载试验应按现行行业标准《建筑基桩检测技术规范》JGJ 106执行;

2 对于大直径端承型桩,也可通过深层平板(平板直径应与孔径一致)载荷试验确定极限端阻力;

3 对于嵌岩桩,可通过直径为0.3m岩基平板载荷试验确定极限端阻力标准值,也可通过直径为0.3m嵌岩短墩载荷试验确定极限侧阻力标准值和极限端阻力标准值;

4 桩的极限侧阻力标准值和极限端阻力标准值宜通过埋设桩身轴力测试元件由静载试验确定。并通过测试结果建立极限侧阻力标准值和极限端阻力标准值与土层物理指标、岩石饱和单轴抗压强度以及与静力触探等土的原位测试指标间的经验关系,以经验参数法确定单桩竖向极限承载力。

(2)[国标地规]相关条文:

10.1.1 为设计提供依据的试验应在设计前进行,平板载荷试验、基桩静载试验、基桩抗拔试验及锚杆的抗拔试验等应加载到极限或破坏,必要时,应对基底反力、桩身内力和桩端阻力等进行测试。

(3)[桩检测规]附录A 桩身内力测试。

参考文献

[1] 王卫东,李永辉,吴江斌. 上海中心大厦大直径超长灌注桩现场试验研究[J]. 岩土工程学报,2011,33(12):1817-1826.

[2] 方云飞,王媛,孙宏伟. 国瑞·西安国际金融中心超长灌注桩静载试验设计与数据分析[J]. 建筑结构,2016,46(17):104-109.

[3] 王媛,孙宏伟,方云飞. 北京丽泽SOHO桩筏基础设计与沉降分析[A]//岩土工程进展与实践案例选编[C]. 北京:中国建筑工业出版社,2016:119-134.

[4] 费鸿庆,王燕.黄土地基中超长钻孔灌注桩工程性状研究[J]. 岩土工程学报,2000(5):576-580.

第5讲　抗压试桩

［地基通规］关于单桩静载荷试验的要求：

> 5.2.5　单桩竖向极限承载力标准值应通过单桩静载荷试验确定。单桩竖向抗压静载荷试验应采用慢速维持荷载法。
> 5.2.6　承受水平力较大的桩基应进行水平承载力验算。单桩水平承载力特征值应通过单桩水平静载荷试验确定。
> 5.2.7　当桩基承受拔力时，应对桩基进行抗拔承载力验算。基桩的抗拔极限承载力应通过单桩竖向抗拔静载荷试验确定。

抗压试桩，意为通过试桩静载荷试验测试单桩抗压承载力，即对应［地基通规］5.2.5条。静载荷试验（static load test，简称为“静载试验”）区别于动力加载的载荷试验。

单桩静载荷试验加载方向与基桩受力方向一致时，称为正向加载法；反之，则称为反向加载法。抗压试桩承载力取值分析见“第1讲试桩之用”。在地面进行抗压试桩的注意事项见“第2讲试桩之困”。抗压试桩失败案例见“第3讲试桩失败”。

5.1　正向加载法

正向加载法包括锚桩法和堆载法。

5.1.1　锚桩法

1）工程应用

上海中心大厦、天津高银117大厦、北京国贸三期、中央电视台总部大楼、北京中信大厦、迪拜哈利法塔（828m）均采用锚桩反力法。哈利法塔采用的是“六锚一”（1根试桩配置6根锚桩）的配置方式（图5.1），最大加载值为60000kN。

国瑞·西安金融中心主塔楼建筑高度约350m，地上75层，建造时是西北第一高楼，工程建设场地是以硬塑粉质黏土层为主，地区特点显著，主塔楼拟采用钻孔灌注超长桩方案，考虑到现场足尺试验能够较为真实地反映单桩的实际受荷状态及工作性能，为此专门进行了试桩的设计、施工及测试，试桩的设计桩径为 1.0m、有效桩长 70m，最大试验加载达 30000kN，6 根锚桩（M1 ~ M6）对应一根试桩（TP1），其试桩和锚桩布置如图 5.2 所示，试桩静载试验结果见“第 14 讲试桩实例：西安超长灌注桩”。

(a)

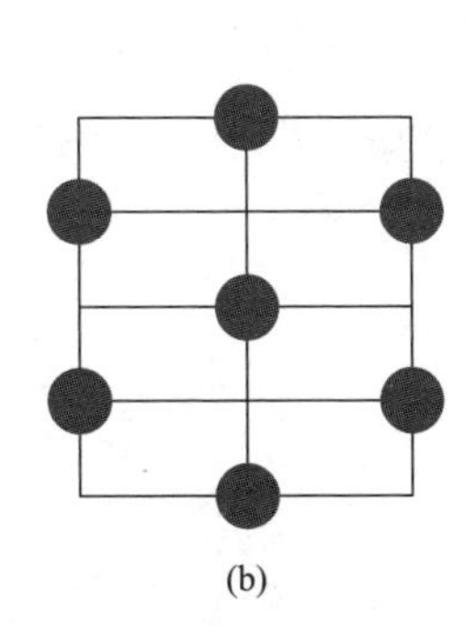

(b)

图 5.1 哈利法塔试桩与锚桩布置

2）超长桩对比[1]

京津沪三地第四纪地基土层构成，可以概括为北京中心城区的黏性土层 ~ 粉土层 ~ 砂卵石层若干旋回沉积层，天津与上海的黏性土层 ~ 粉土层 ~ 砂层交互沉积层，而且超高层建筑的超长桩的桩周土层均系更新世沉积土层。

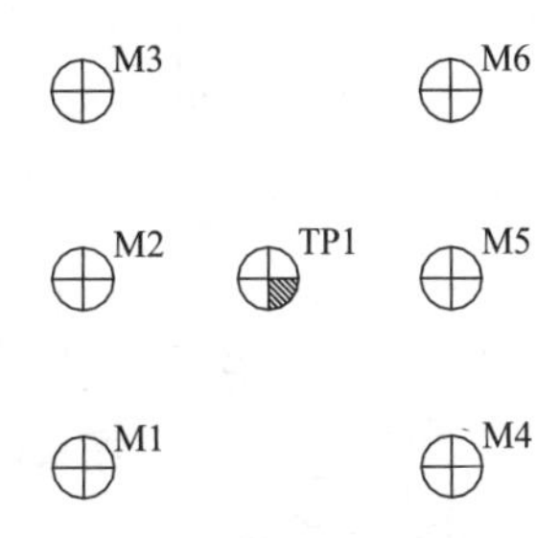

图 5.2 国瑞·西安金融中心试桩与锚桩布置

北京中信大厦、天津高银 117 大厦、上海中心大厦试桩均属钻孔灌注桩，均为超长桩，均采用了后注浆工艺，其最大试验荷载分别为 40000kN、42000kN、30000kN。京津沪三地超长桩试桩静载试验曲线对比如图 5.3 所示，其 Q-s 曲线均为缓曲变形，京津沪的超长桩试桩的桩顶沉降量恰好依次增大，北京中信大厦、天津高银 117 大厦、上海中心大厦试桩的桩顶沉降量分别为 24.82mm、47.62mm、50.66mm。

根据京津沪三地超长后注浆钻孔灌注桩试桩数据对比分析，桩顶沉降量主要来源于桩身压缩变形量。数据分析表明，桩的加长会使得桩身的压缩变形量增加，应通过增加桩身配筋及提高桩身混凝土强度等措施，以减小桩顶沉降。

超长桩侧阻力与端阻力实际发挥有别于普通桩，不能笼统套用经验公式及经验参数，应通过试桩明确承载性状，并应考虑不同层位不同土层侧阻力软化或强化效应。不仅需要认真清孔，还应当针对具体的成桩施工工艺、地层土质条件等因素，及时调整桩端后注浆工艺参数。

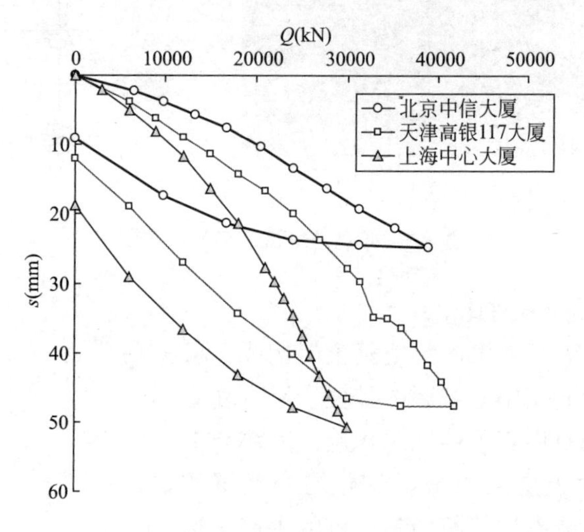

图 5.3　京津沪超长桩 *Q-s* 曲线比较

5.1.2　堆载法

1）常规落地式支墩

落地式支墩堆载法试验装置如图 5.4 所示。为了节省地面试桩的费用，甲方坚持采用常规落地式支墩堆载法，由于支墩下沉过大而引起荷重块倒塌（图 5.5），导致静载试验失败。

在地表土质承载力较低的场地进行大吨位堆载试验时，常规的堆载承台－反力架试验方案由于承台面积较大，试验场地的限制以及承台沉降不易保证等缺点而不能选用时，可选择桩梁式堆载支墩－反力架装置来完成静载试验[2]。

图 5.4 常规落地式支墩堆载法试验现场

图 5.5 堆载法荷重块倒塌

2）桩梁式堆载支墩

温州鹿城广场高度350m塔楼110m桩长的试桩静载荷试验采用的是桩梁式堆载支墩－反力架装置[2]。该工程场地地面承载力较低，若采用常规的堆载承台反力架试验方案，不仅要求较大的试验场地和承台面积，承台沉降也不易保证，同时后期测试和施工也存在着诸多困难。最终，张忠苗教授经过方案优化设计决定采用桩梁式堆载支墩 - 反力架装置来完成静载试验，该方案在避开工程桩桩位的空地处每边另打 4 根桩径 800mm 的钻孔桩（以卵石层为持力层，工程桩在试桩试验前还未施工）且桩顶用混凝土梁浇在一起作为支撑堆载重量的桩梁式堆载承台（图 5.6）。张忠苗教授负责测试的当地另一超高层建筑试桩（温州世贸中心）采取了同样的反力装置，相关试桩资料见“第 13 讲试桩实例：温州世贸中心”。

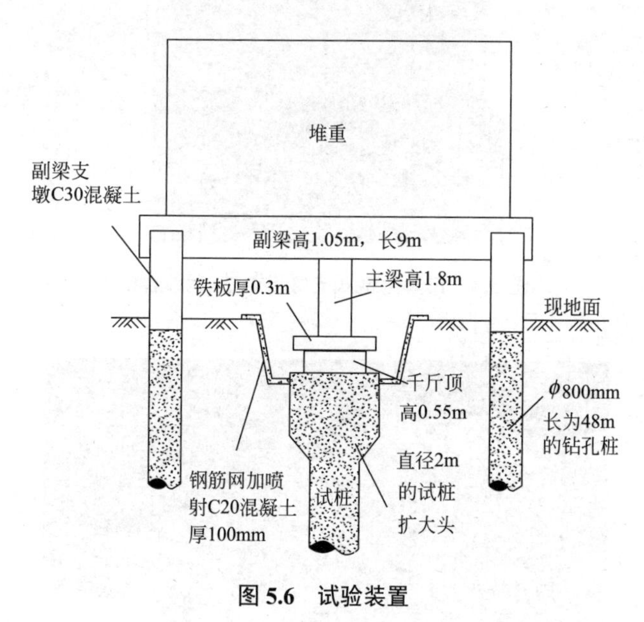

图 5.6　试验装置

5.2　反向加载法

反向加载法包括 O-cell 法、Tomer loading test（通莫静载试验法）和国内的自平衡法。Tomer loading test（T-pile®）是总部位于以色列特拉维夫的基础工程施工及检测公司（Afar Vasela Ltd.）为了测试嵌岩桩承载特性所创立的静载试验方式。采用 O-cell 法和自平衡法进行壁桩静载试验见“第 19 讲试桩实例：壁桩”。采用自平衡法测试软岩桩基端阻力见 5.4节。

图 5.7 O-cell 荷载箱

5.2.1 O-cell 法

该方法是美国西北大学 Osterberg 教授所倡导的，试验时通过桩身内预埋的荷载箱（图 5.7）对桩进行分级加压。

5.2.2 自平衡法

南京紫峰大厦基础形式采用人工挖孔桩，桩端持力层为中风化安山岩，采用自平衡法测试试桩承载性状[3]。试桩的有关参数见表 5.1。

试桩参数一览表　　表 5.1

编号	桩身直径（mm）	扩大头直径（mm）	桩顶标高（m）	有效桩长（m）	混凝土强度	类型	预定加载值（kN）
SRZ1-1	2000	4000	-23.70	22.50	C45	抗压	75200
SRZ1-2	2000	4000	-27.45	22.50	C45	抗压	75200
SRZ3	1500	3000	-21.80	21.50	C40	抗压	42000
SRZ5	1400	3000	-21.70	8.00	C40	抗拔	22000
SRZ6	1100	2200	-21.70	6.00	C40	抗压 / 抗拔	20000/8400

SRZ1-1 和 SRZ1-2 桩身埋有钢筋计和光纤传感器，可测量各岩层的侧摩阻力；荷载箱埋设于扩大头上端。SRZ1-1 箱底标高为 -44.24m，底板直径 1.8m，SRZ1-2 箱底标高为 -48.55m，底板直径 1.8m。等效转换曲线均为缓变型，取最大位移对应荷载值为极限承载力。SRZ1-1 试桩整桩极限承载力为 81545kN，相应的位移为 15.53mm；SRZ1-2 试桩整桩极限承载力为 81267kN，相应的位移为 15.92mm。

SRZ1-1 试桩桩端阻力 - 位移曲线如图 5.8 所示。桩端极限阻力为41360kN，相应位移为2.63mm；SRZ1-2试桩桩端阻力－位移曲线如图5.9所示。桩端极限阻力为41360kN，相应位移为2.91mm。

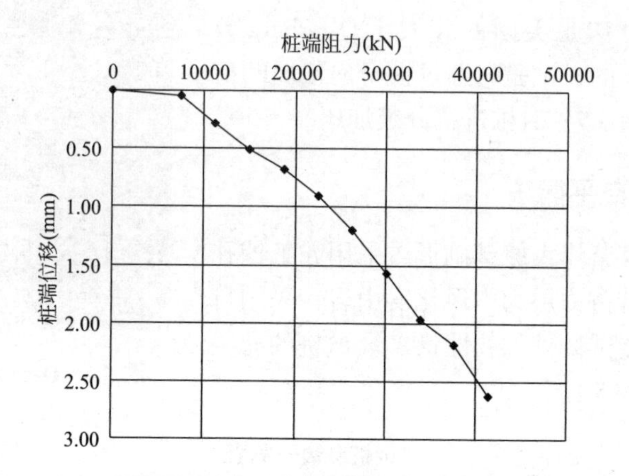

图5.8 SRZ1-1试桩桩端荷载位移曲线

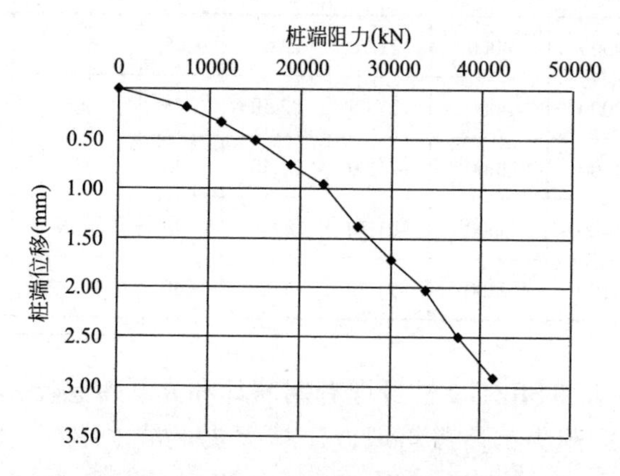

图5.9 SRZ1-2试桩桩端荷载位移曲线

5.3 软岩桩基参数

针对南宁和杭州两地的软岩桩基参数，选取了有代表性的试桩资料，包括两个试验方法：自平衡法、堆载法，对比分析有助于进一步把握试验方法的适用性，为指导桩基设计提供合理可靠的技术依据。

5.3.1 自平衡法

南宁佳得鑫广场的场地内自上而下分布有：杂填土、素填土、淤泥质粉质黏土、坚硬状黏土、硬～可塑状粉质黏土、稍密～中密状粉土、松散～稍密状粉砂、中密状砾砂、中～密实状圆砾、强风化粉砂质泥岩、中风化粉砂质泥岩、中风化粉砂岩。采用人工挖孔灌注桩，持力层选择在下伏第三系里彩组中风化粉砂质泥岩（⑩层），桩身进入持力层后进行桩端扩大，形成扩大头。

南宁盆地第三系泥岩主要是第三纪晚期的湖沼相沉积物，由不同岩性的岩层组成，其中粉砂质泥岩为半成岩，属软岩，浸水有软化现象，受清水回转钻进机械搅动影响较大，取芯强度较“原状”大为降低。采用自平衡法进行软岩试验研究，获得了软岩桩基的承载性能的相关参数[4]。

1）试桩方案

试桩参数汇总于表5.2。人工挖孔桩按设计要求挖至持力岩层后，由中心位置向下挖一小直径的桩孔，孔底用30mm细石混凝土找平，将荷载箱放入孔底，将位移棒引至已开挖基坑的标高，用C20混凝土浇筑小孔，如图5.10所示。其中试桩302和325在开挖过程中有水渗出，试桩325中心有地质钻探孔。

试桩参数 表5.2

试桩号	d(m)	H(m)	D(m)	H_T(m)	荷载箱高度（m）	荷载箱底板直径(m)	预估加载值（kN）
208	1.0	3.5	2.3	25.0	0.4	0.8	2×3500
242	1.0	3.1	2.3	24.0	0.4	0.8	2×2500
302	1.0	3.0	2.7	23.0	0.4	0.8	2×2500
325	1.1	3.5	2.0	24.0	0.4	0.8	2×3500

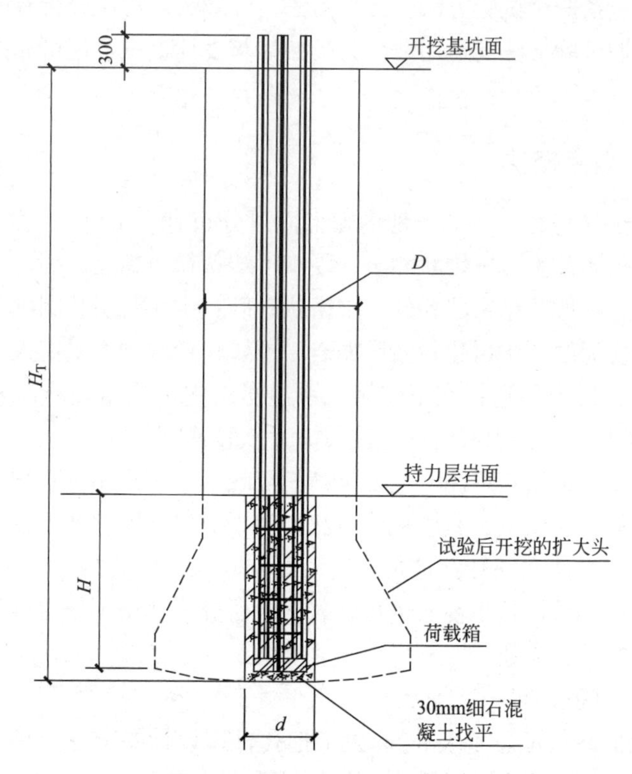

图 5.10　试桩示意图

试验时，从地面对荷载箱内腔施加压力，箱顶与箱底被推开，产生向上与向下的推力，从而调动桩周岩石的侧阻力与端阻力。通过位移传感器可以测得荷载箱加载的每一级荷载所对应的上顶板和下底板的位移。

2）数据分析

测试采用慢速维持荷载法，每级加载为预估加载值的 1/10，第一级按两倍荷载分级加载。试桩 325 加载至 2×2100kN 时，发现向下位移增长较快，达 15.07mm。为更好地判断承载力，将加载等级细分，最终加载值 2×2800kN。4 根试桩的测试所得的 *Q-s* 如图 5.11 ~图 5.14 所示。

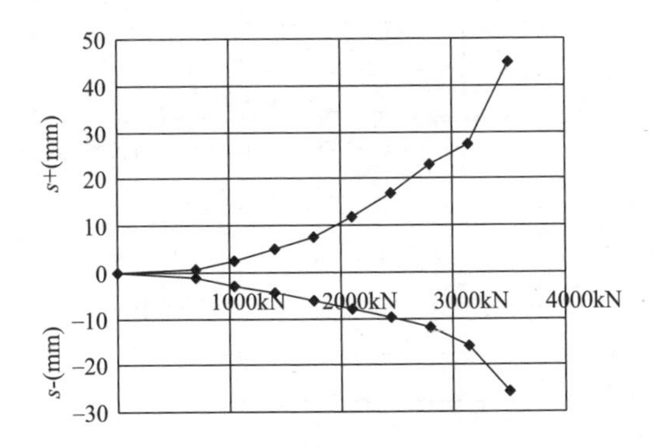

图 5.11 208 试桩 *Q-s* 曲线

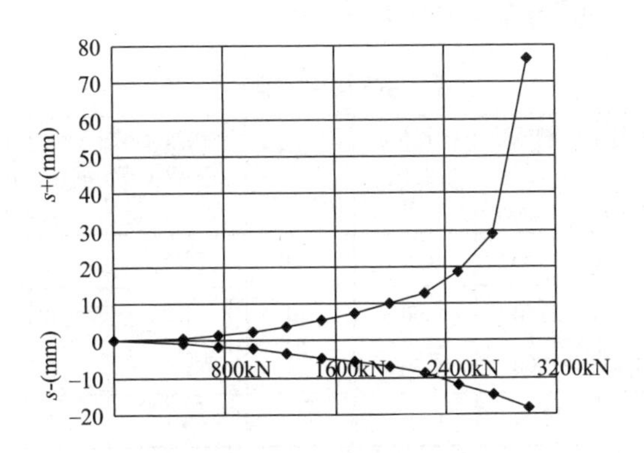

图 5.12 242 试桩 *Q-s* 曲线

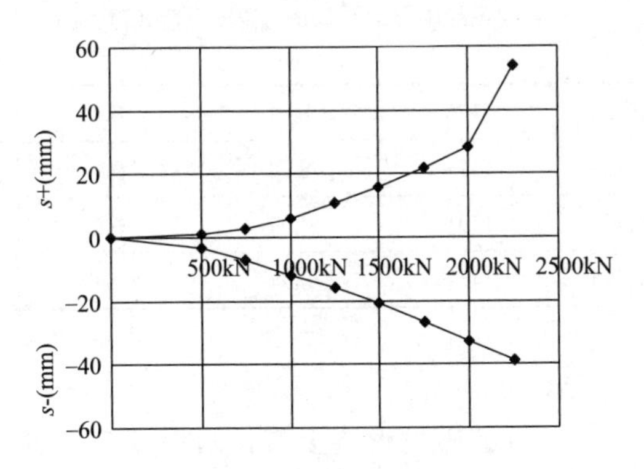

图 5.13 302 试桩 *Q-s* 曲线

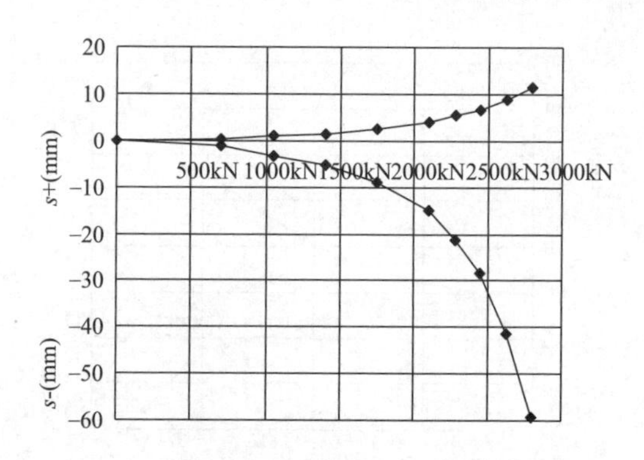

图 5.14　325 试桩 Q-s 曲线

各试桩分析结果汇总如表 5.3 和表 5.4 所示。

桩端和桩侧极限承载力计算　　表 5.3

试桩号	桩端阻力极限值 $Q_{u上}$（kN）	桩侧摩阻力极限值 $Q_{u下}$（kN）	荷载箱底板面积 A（m^2）	小孔直径 d（m）	小孔深度减去荷载箱高度 h（m）	桩侧极限承载力 q_{sik}（kPa）	桩端极限承载力 q_{uk}（kPa）
208	3150	3150	0.503	1.0	3.1	323	6268
242	3000	2750	0.503	1.0	2.7	324	5968
302	2250	2000	0.503	1.0	2.6	245	4476
325	2630	2800	0.503	1.1	3.1	261	4874

持力层变形模量计算　　表 5.4

试桩号	系数 ω	线性段的压力 p（kPa）	对应的沉降 s（mm）	荷载箱底板直径 d'（m）	持力层变形模量 E_0（MPa）
208	0.423	4175	8.04	0.8	175.7
242	0.423	4473	8.78	0.8	172.4
302	0.423	1491	7.03	0.8	71.8
325	0.424	3479	8.94	0.8	131.7

3）试桩总结

（1）从 4 根试桩的破坏形式上看，两根试桩（242 和 302）是桩侧发生突然破坏，一根试桩（208）是桩侧、桩端同时发生突然破坏，另一根试桩（325）则是桩端缓变至破坏。

（2）从桩端阻力－位移曲线（图 5.15）来看，各试桩在荷载水平较低时，位移随荷载增长呈线性变化。其中试桩 302 受浸水影响，曲线斜率从一开始就较大。试桩 208、242 及 325 在荷载小于 1200kN 时曲线基本一致。其后随着荷载增大，受浸水影响的试桩 325 曲线的斜率开始增大，而试桩 208 和 242 的曲线仍基本一致。就桩端阻力－位移关系而言，未浸水的软岩表现良好的线性关系，浸水后软岩在荷载水平较大时表现出明显的非线性。

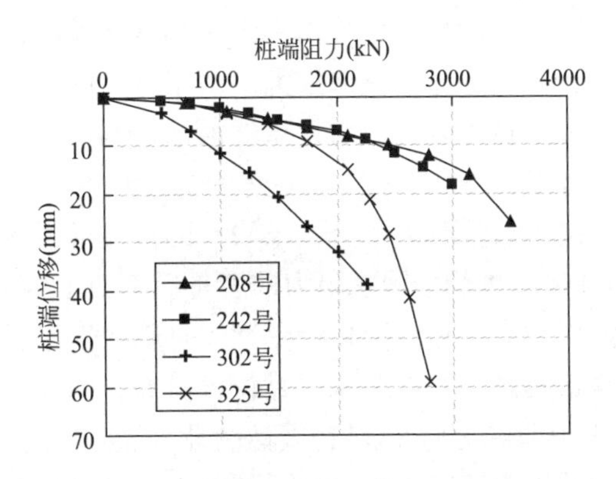

图 5.15　各试桩桩端阻力 - 位移曲线汇总

（3）从桩侧摩阻力－位移（桩侧中点处位移）曲线（图 5.16）来

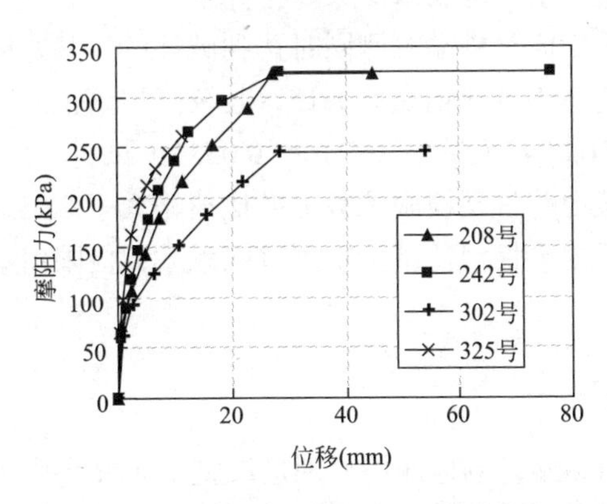

图 5.16　各试桩桩侧摩阻力 - 位移曲线汇总

看，试桩 302 桩侧承载能力受浸水影响，在达到相同摩阻力时位移较大，其余三根试桩的摩阻力 – 位移曲线形状差别不大。根据曲线形状可以推断试桩 325 的桩端虽受浸水影响大，但其桩侧几乎没有受浸水影响，在桩端破坏时，其桩侧仍有一定承载能力未发挥出来。

（4）未浸水试桩的桩端极限承载力均值 6118kPa，约是原建议特征值 2000kPa 的 3.1 倍，变形模量均值 174.05MPa 约是室内得到的压缩模量 9.61MPa 的 18.1 倍。这进一步证实了泥岩的工程地质特征使室内抗压强度试验值比“原状”岩石低。

泥岩具有许多蠕滑剪切结构面和细小的网状裂隙，取样卸荷和试样制备期间，泥岩膨胀，裂隙增大。由于试样的工作环境和条件与原岩相差太大，在加轴向力时，试样沿结构构面或增大了的裂隙破坏。而泥岩处于天然状态时，这些不利因素的影响就较小。

（5）泥岩浸水后承载力下降，未浸水的桩端极限承载力是浸水的 1.22 ~ 1.40 倍，桩侧极限摩阻力前者是后者的 1.24 ~ 1.32 倍。

该场地泥岩具有明显的湿化崩解性，是膨胀性泥岩。其矿物成分中蒙脱石含量较高，粒度组成中黏粒含量高，比表面积大，吸水能力强。相比于非膨胀性泥岩其天然含水量高、密度小、孔隙比大。含水量对其抗剪强度影响较大，随着含水量增加，抗剪强度值明显非线性下降。

针对膨胀性泥岩浸水后承载力下降的问题，在施工中应采取有效措施防止地下水、地表水渗入。

（6）试桩 208 是桩端桩侧同时达到破坏的，其桩侧极限承载力与桩端极限承载力的比值是 0.0515，其余三根试桩的比值是 0.0543（试桩 242）、0.0547（试桩 302）和 0.0535（试桩 325）。可见泥岩桩侧极限承载力与桩端极限承载力的比值略大于 0.05。根据这个比例关系，可根据平板载荷试验得到桩端承载力极限值推算出桩侧摩阻力极限值。

5.3.2 堆载法

在杭州西站站址场地四周分别足尺施工 4 根钻孔灌注桩[5]，桩端进入中风化泥质粉砂岩不少于 5m，试验桩基本信息见表 5.5。

试桩信息 表 5.5

桩号	施工桩长（m）	设计桩径（m）	桩进入持力层深度（m）	混凝土强度设计等级
Sz–1	43.0	1.0	≥ 5	C45
Sz–2	44.6	1.0	≥ 5	C45
Sz–3	43.0	1.0	≥ 5	C45
Sz–4	43.5	1.0	≥ 5	C45

1）试验装置

载荷试验使用的设备有 QF630T–20B 千斤顶 4 台、RS–JYD 静载荷测试仪 1 套。在受检桩上安放荷载板，将液压千斤顶置于荷载板上，千斤顶中心、荷载板中心与受检桩中心处于同一纵轴上，通过高压油泵和压力表控制加载，压重平台提供反力，由固定在基准梁上的位移计（百分表）量测试桩桩顶的沉降量，见图 5.17。采用慢速维持荷载法进行单桩竖向抗压承载力试验，根据受检桩的预估极限承载力，按 10 级进行荷载分级，每级加载荷载为 1900 kN。第一级加载增量为荷载分级量的 2 倍，从第二级开始，每级加载增量

图 5.17 试桩载荷试验现场

为荷载分级量，加载总量直至达到终止加载条件。每级卸载增量为每级加载增量的 2 倍。实测的试桩 Sz-4 桩身轴力和端阻力变化分别如图 5.18、图 5.19 所示。

2）试验数据

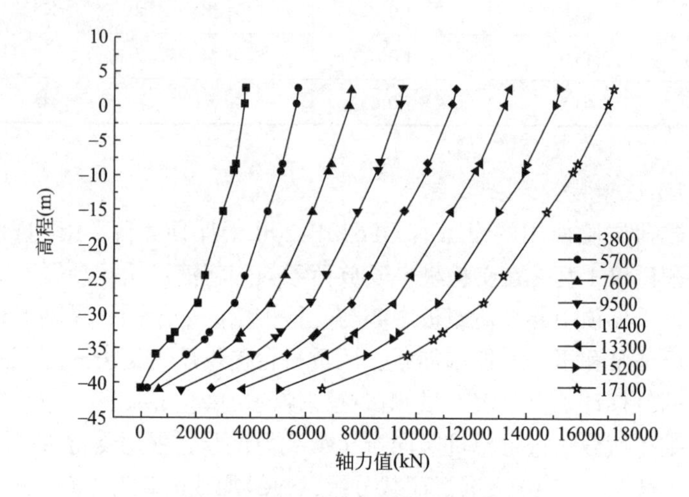

图 5.18 试桩桩身轴力分布

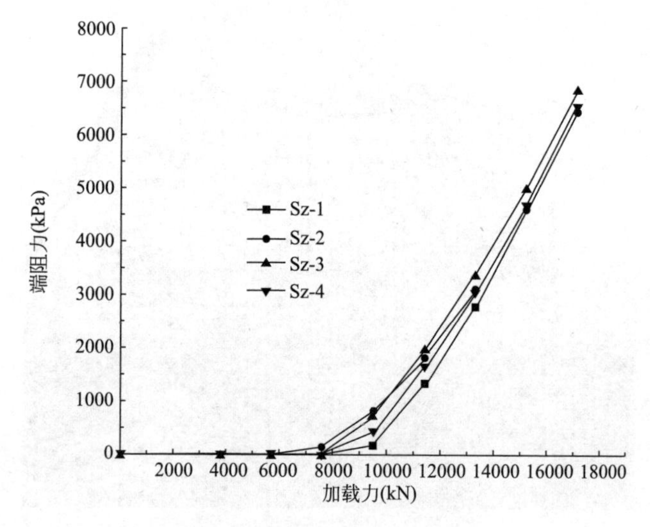

图 5.19 试桩端阻力变化曲线

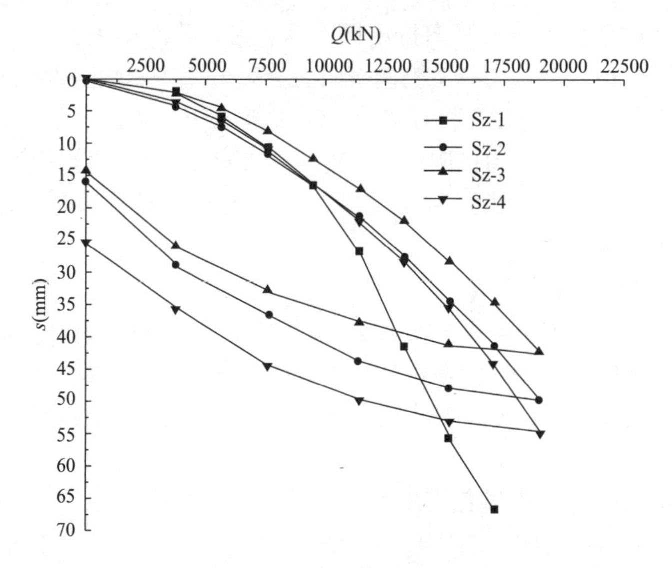

图 5.20 试桩 *Q-s* 曲线汇总

试桩抗压静载试验结果 **表 5.6**

桩号	最大加载量（kN）	总沉降量（mm）	单桩竖向抗压承载力极限值（kN）	单桩竖向抗压承载力特征值（kN）	侧摩阻力极限值（kPa）	端阻力极限值（kPa）
Sz–1	17100	66.84	14049	7025	300	4627
Sz–2	19000	49.88	15547	7774	283	6465
Sz–3	19000	42.36	15812	7906	280	6853
Sz–4	19000	54.8	15712	7856	291	6575

图 5.19 为不同位置试桩的桩端阻力 – 加载力关系曲线，加载值在 10000kN 以下时，桩基承载力主要由侧摩阻力贡献，桩端阻力基本未发挥；加载值大于 10000kN 时，桩端阻力快速增大，表明侧摩阻力已发挥完毕，桩端阻力开始发挥，试桩承载特性表现为端承 – 摩擦桩。

图 5.20 为不同试桩载荷 – 桩顶竖向位移曲线，Sz–1 ~ Sz–4 实测桩顶荷载位移曲线表现为缓变型，斜率变化较小，取 s=40mm 对

应的荷载值作为单桩竖向抗压极限承载力，从而得到各试桩实测单桩竖向极限承载力、实测侧摩阻力极限值、实测端阻力极限值，如表 5.6 所示。可知，桩径 D=1000mm 嵌入中风化泥质粉砂岩 5m 情况下，其侧摩阻力极限值为 280 ~ 300 kPa，桩端阻力极限值为 4627 ~ 6853kPa，其中 Sz-1 桩因沉渣厚度较大导致桩顶变形大、实测端阻力偏小。

3）试桩结论

直径 1m 桩基嵌入中风化岩 5m 条件下，试桩抗压极限承载力不小于 14000kN。试验荷载达到 10000 kN 情况下嵌岩段桩端阻力才出现明显增长，在工况荷载下桩基承载力的贡献主要以桩侧摩阻力为主。

桩端持力层中风化泥质粉砂岩的天然单轴抗压强度标准值为 4.45MPa、饱和单轴抗压强度标准值为 2.61MPa、干燥单轴抗压强度标准值为 9.4MPa，系极软岩，软化系数 0.278。不同规范推荐的基于岩石单轴抗压强度计算得到的桩端阻力、桩侧摩阻力特征值差别较大。其中桩侧摩阻力特征值范围 55 ~ 192.2kPa，相差 3.5 倍；桩端阻力特征值范围 934.5 ~ 3000kPa，相差 3.2 倍。

基于载荷试验成果，勘察优化后推荐的中风化泥质粉砂岩钻孔桩桩侧摩阻力极限值取 180kPa，桩端阻力极限值取 5500kPa。

【按】软岩，既不可因其“似土”即按“土”评价，又不可因其“似岩”而照“岩”对待，因此依托工程的现场足尺试验资料，对于积累地区工程经验、正确把握软岩桩基参数，尤显重要。

参考文献

[1] 孙宏伟. 京津沪超高层超长钻孔灌注桩试验数据对比分析 [J]. 建筑结构，2011，41（9）：143-146.

[2] 张忠苗，张乾青，张广兴，等. 软土地区大吨位超长试验桩试验设计与分析 [J]. 岩土工程学报，2011，33（4）：535-543.

[3] 孙宏伟. 岩土工程进展与实践案例选编 [M]. 北京：中国建筑工业出版社，2016.

[4] 程晔，龚维明，戴国亮．软岩桩基承载性能试验研究 [J]．岩石力学工程学报，2019，28（1）：165-172.

[5] 杭红星．杭州西站红层极软岩桩基承载力参数试验研究 [J]．铁道建筑技术，2022（12）：35-40.

第6讲　抗拔试桩

［地基通规］关于单桩静载试验的要求如下：

> 5.2.5　单桩竖向极限承载力标准值应通过单桩静载荷试验确定。单桩竖向抗压静载荷试验应采用慢速维持荷载法。
> 5.2.6　承受水平力较大的桩基应进行水平承载力验算。单桩水平承载力特征值应通过单桩水平静载荷试验确定。
> 5.2.7　当桩基承受拔力时，应对桩基进行抗拔承载力验算。基桩的抗拔极限承载力应通过单桩竖向抗拔静载荷试验确定。

单桩竖向抗拔承载力的静载试验简图见图6.1。当试桩受到上拔作用时，支承桩或支承墩承受压力。图6.1（a）所示为穿心千斤顶，图6.1（b）是由安置于支承桩桩顶处的千斤顶同步施加试验荷载的装置。

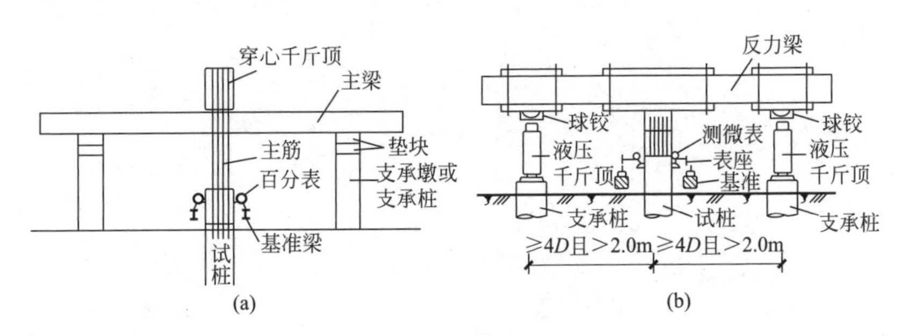

图6.1　抗拔静载试验装置

本讲重点介绍钻孔灌注桩的抗拔桩不同形式，包括后注浆直桩①、扩底灌注桩，后张预应力灌注桩。

灌注桩的常规抗拔桩（直桩）可采用后注浆提高其抗拔承载力[1-2]，也可考虑采用扩底桩[2-3]。当灌注桩用作抗拔桩时，由其纵向主筋承担全部上拔作用，不考虑桩身混凝土抗拉强度，为了保证耐久性，需要控制桩身裂缝宽度，为此纵向主筋配置数量较多。

① 直桩，意为桩身竖直，不扩桩径、不扩底，为等截面的桩。

故有关单位开展了抗拔灌注桩预应力技术试验研究[4-6]。机场南线收费大棚与奥林匹克会议中心工程抗拔桩静载试验在设计极限荷载下的上拔位移均较小。通过4个工程可以认为无粘结预应力抗拔桩单桩承载力极限值较普通配筋抗拔桩有较大幅度的提高[5]。

所选两个试桩实例，都属于深基坑工况条件，都进行不同桩型的试验比较。实例1在坑底进行抗拔静载试验，基坑深度为20m，有效桩长为10m，桩径600mm，对比了后张预应力灌注桩与常规抗拔桩；实例2抗拔静载试验则是在地面完成，基坑深度为16m，有效桩长为19m，进行了后注浆直桩与扩底抗拔桩的试验比较。地面试桩测试抗拔承载力注意事项参见第2讲“试桩之困”。

6.1　后张预应力灌注桩

试桩桩顶埋深为20m，基坑开挖后在坑底进行抗拔静载试验。试桩有效桩长10m，桩径600mm，长细比为16.7，配置主筋10根，直径20mm，采用普通抗拔桩，要求单桩承载力特征值330kN，在6根试验桩中选取2根桩配置无粘结钢绞线（采用在有粘结钢绞线上抹油套皮制作，由于现场抹油技术不足和皮套破损，实际只是部分无粘结），4根普通桩在加至设计要求的极限荷载660kN时，位移均小于7.6mm，并未破坏，在600kN荷载下普通灌注桩位移为5.56mm，而无粘结预应力桩位移为3.51mm，位移减小36%，桩的长细比较小，即使钢绞线由于无粘结效果问题，仍有一定的承载力提高与位移减小的效果，如图6.2所示。

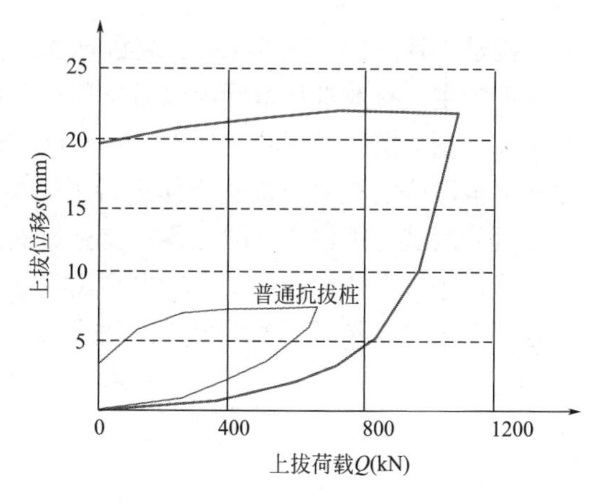

图6.2　不同抗拔桩静载试验曲线对比

6.2　扩底抗拔桩与后注浆直桩

天津于家堡南北地下车库工程，开展了扩底抗拔桩和桩侧注浆抗拔桩（后注浆直桩）各 3 根的极限承载力载荷试验，试桩均加载至极限破坏状态，试桩参数列入表 6.1，试桩与地层配置关系见图 6.3。

试桩参数　　表 6.1

桩型	试桩编号	桩径（mm）	扩底直径（mm）	桩长（m）	有效桩长（m）
扩底桩 SBZ1	9，11，13	850	1500	35.55	19
桩侧注浆桩 SBZ2	2，4，6	850	—	35.55	19

如图 6.3 所示，两种桩型总桩长均为 35.55m，有效桩长 19m。扩底桩的等截面段直径为 850mm，扩底段直径为 1500mm；扩大头总高度为 2.25m，其中锥形段高度为 1.5m，锥形段下方尚有高 0.75m、直径为 1500mm 的等截面段；扩大头的扩展角为 12.2°。桩侧注浆抗拔桩桩径 850mm，沿桩身设置 2 道注浆断面，每道注浆断面注浆量为 0.8t。

背景工程基础埋深约 16m，基础埋深段范围以杂填土和淤泥质黏性土为主；有效桩长范围内以粉质黏土、粉砂土为主。为了使试桩条件尽量与实际工程状态接近，本次试桩试验采用双套管技术将地下室范围内的桩身与周边土体进行了隔离。6 根试桩均进行了如下项目的测试：①桩顶处的位移；②有效桩顶处的位移；③桩端处的位移；④桩身范围内的 7 个轴力测试点。有效桩长范围内的轴力测点置于土层分界面或土层中部，见图 6.3。

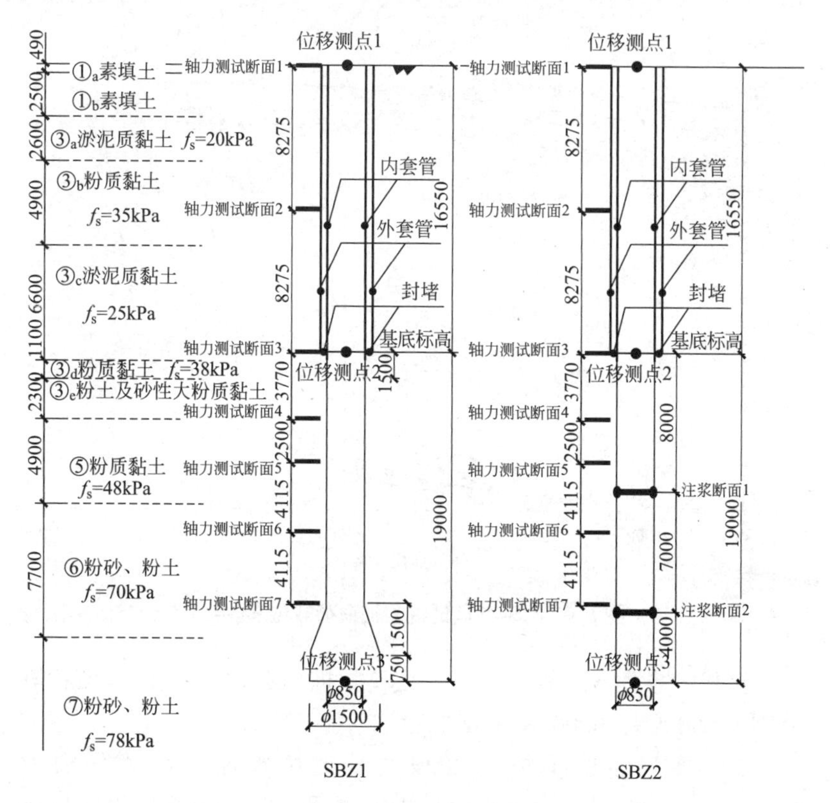

图 6.3 抗拔试桩剖面图

试桩结果 表 6.2

桩号		最大试验荷载（kN）	最大桩顶上拔量（mm）	抗拔极限承载力（kN）	桩顶上拔量（mm）	有效桩顶上拔量（mm）	桩端上拔量（mm）	极限承载力平均值（kN）
SBZ1	9	6500	94.57	6000	32.92	14.28	5.12	5666
	11	6000	91.24	5500	29.75	13.36	4.19	
	13	6000	83.72	5500	32.60	25.77	6.27	
SBZ2	2	5500	81.41	5000	28.13	12.38	3.74	4833
	4	5000	82.03	4500	27.61	18.87	4.57	
	6	5500	85.77	5000	27.02	20.35	4.49	

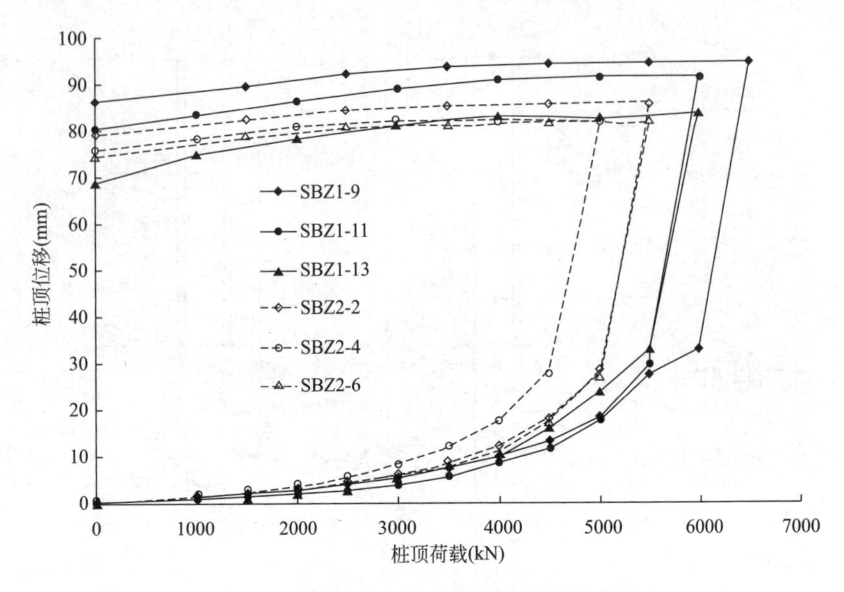

图 6.4　两种桩型试桩的桩顶荷载位移曲线

试桩结果列入表 6.2，3 根扩底抗拔桩 SBZ1 的最大试验加载值分别为 6500kN、6000kN 和 6000kN。

3 根桩侧注浆抗拔桩 SBZ2 的最大试验加载荷载分别为 5500kN、5000kN 和 5500kN。如图 6.4 所示为两种桩型试桩的桩顶荷载位移曲线对比图，可看出 6 根试桩的荷载位移曲线总体发展形态较为类似：在试桩荷载较小时，荷载位移曲线均呈“缓变”型，当加载至最后一级荷载时，荷载位移曲线变为“陡升”型。且在最后一级试桩荷载时，各试桩的桩顶、桩端同时发生了较大的上拔变形，达到极限破坏状态。取极限破坏前一级荷载值为单桩极限抗拔承载力值，则从图 6.4 可知，扩底抗拔桩的单桩极限抗拔承载力为 5666kN（平均值），桩侧注浆抗拔桩的单桩极限抗拔承载力为 4833kN（平均值）。在极限荷载条件下，扩底抗拔桩的有效桩长桩顶上拔位移为 17.81mm（平均值，下同），桩端上拔位移为 5.19mm；桩侧注浆抗拔桩的有效桩长桩顶上拔位移为 17.2mm，桩端上拔位移为 4.27mm。

由图 6.4 可以看出，两种抗拔桩的荷载位移曲线呈现如下特征：

（1）当桩顶荷载小于 2000kN 时，扩底抗拔桩和桩侧注浆抗拔桩的荷载位移曲线基本重合。

（2）当桩顶荷载大于 2000kN 后，同等桩顶荷载条件下，扩底抗拔桩的桩顶变形比桩侧注浆抗拔桩的桩顶变形小。这表明相对来说，扩底抗拔桩拥有更好的抗变形能力。

（3）3 根扩底抗拔桩的极限承载力平均值为 5667kN，3 根桩侧注浆抗拔桩的极限承载力平均值为 4833kN。扩底抗拔桩比桩侧注浆抗拔桩抗拔承载力高约 17.3%。

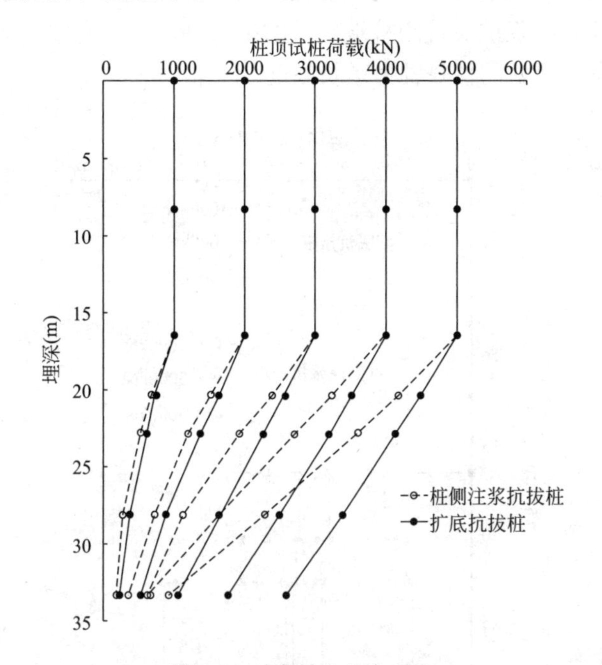

图 6.5 桩身轴力分布对比

如图 6.3 所示，各试桩在桩身范围内设置了 7 个轴力测试断面。两种桩型各自 3 根试桩的桩身轴力分布曲线较为一致。取试桩荷载为 1000 ~ 5000kN 时，扩底抗拔试桩 SBZ1-13 和桩侧注浆抗拔试桩 SBZ2-6 的桩身轴力分布曲线进行对比分析，如图 6.5 所示。由于双套管的隔离作用，在基础埋深范围内，桩身轴力曲线呈竖直分布，表明双套管有效隔离了开挖段桩土接触，因而不存在桩身轴力的递减。在有效桩长范围内，两种桩型的桩身轴力从上往下均呈递减分布。但是从轴力递减曲线的规律形态上可以看出，两种桩型的桩身轴力传递存在较大的差异：（1）当桩顶试桩荷载为1000kN时，桩侧注浆抗拔桩与扩底抗拔桩的桩身轴力分布曲线较接近。随着桩顶试桩荷载的逐渐增加，两种桩型桩身轴力的差别逐渐增大。（2）当桩顶上拔荷载大于3000kN时，两种桩型桩身轴力分布曲线差异明显，在相同桩身埋置深度处，扩底抗拔桩的桩身轴力普遍比桩侧注浆抗拔桩的桩身轴力大。（3）随着桩顶试桩荷载的增大，桩侧注浆抗拔桩距桩端较近的桩身轴力增长有限，而扩底抗拔桩相应位置处的桩身轴力增长幅度较大。

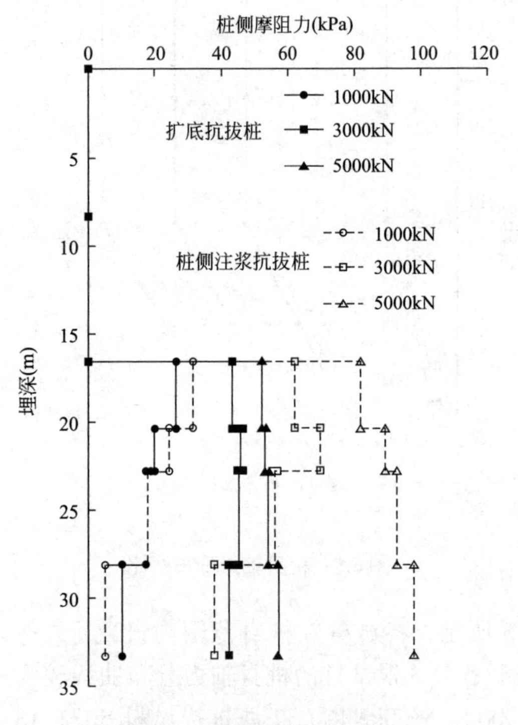

图 6.6 桩侧摩阻力分布对比

桩侧摩阻力大小可由两相邻轴力测点轴力差值与对应侧表面积

之比得到。扩底抗拔试桩 SBZ1-13 与桩侧注浆抗拔桩试桩 SBZ2-6 在桩顶试桩荷载分别为 1000kN、3000kN 和 5000kN 时的桩侧摩阻力分布曲线如图 6.6 所示，从桩侧摩阻力的分布规律即可看出两种桩型荷载传递规律的差别：

（1）当试桩荷载较小时（如 1000kN），两种桩型均依靠桩侧摩阻力抵抗上拔荷载，两种桩型侧摩阻力的分布曲线也较为一致。

（2）当试桩荷载逐渐增大时（如 3000kN），对于浅部土层，桩侧注浆抗拔桩的侧摩阻力明显比扩底抗拔桩相应区域的桩侧摩阻力大；对于深部土层，两种桩型侧摩阻力的发挥差异不大。这是由于注浆体对桩土接触面的改善，使得桩侧注浆抗拔桩的浅层侧摩阻力可率先发挥到较高的水平，而此时深部土层侧摩阻力尚未完全发挥，与扩底抗拔桩相应区域的侧摩阻力较接近。在相同试桩上拔荷载条件下，扩底抗拔桩的侧摩阻力值发挥不如桩侧注浆抗拔桩，又要满足总的抗拔荷载是一致的，表明此时扩大头开始发挥抵抗上拔荷载的作用。这也是前文扩底抗拔桩桩端附近轴力发挥较大的原因。

（3）当试桩达到较高水平时（如 5000kN），可以看出，对于桩侧注浆抗拔桩来说，全桩长范围内的侧摩阻力得到进一步的增强，特别是深部土层侧摩阻力的增长幅度较大。此时，扩底抗拔桩全桩长范围的侧摩阻力也有增长，但增长幅度有限。试桩荷载达到了较高的水平，而侧摩阻力并没有较大幅度的增长，表明此时扩大头所提供的抗拔力必然已达到了较高的水平。

极限荷载下桩侧摩阻力值比较 **表 6.3**

侧摩阻力（kPa）		③$_e$层 粉土、砂性大粉质黏土	⑤层 粉质黏土	⑥层 粉土、粉砂	⑦层 粉土、粉砂
勘察报告建议值		48	52	70	70
扩底抗拔桩	实测平均值	56	58	60	62
	侧阻力比值	1.17	1.12	0.86	0.89
后注浆直桩	实测平均值	83	85	93	98
	侧阻力比值	1.73	1.63	1.33	1.40

由表 6.3 可以看出，注浆对提高抗拔桩的侧摩阻力效果显著，相比于勘察报告建议值，各层土的侧阻力注浆增强系数普遍在 1.3 以上。而对于扩底抗拔桩而言，总体来说，实测侧摩阻力值与勘察报告建议值相差不大，表明扩底抗拔桩对于抗拔承载力的提高并非来源于桩侧摩阻力的提高，而是来自扩大头抗力对于抗拔承载力的贡献。

试桩数据分析结论：

（1）在背景工程地层条件中，相同桩径、桩长情况下，扩底桩在抗拔承载力、抵抗上拔变形的能力方面均略优于桩侧注浆抗拔桩。

（2）相比于等截面抗拔桩，桩侧后注浆使有效桩长范围内各层土桩侧摩阻力普遍得到增强，从而提高单桩抗拔承载力，实测桩侧摩阻力比勘察建议值提高 33% ~ 73%。

（3）扩底抗拔桩的抗拔承载力由等截面段桩侧摩阻力与扩大头抗力共同组成，由等截面段桩侧摩阻力发挥作用，当上拔荷载达到一定程度后，扩大头逐渐发挥作用。极限状态下，等截面段发挥的侧摩阻力与勘察报告提供值相当，扩大头提供的承载力达到总加载的 55%，超过等截面段桩侧摩阻力，表明扩大头的存在对于提高抗拔承载力作用明显。

参考文献

［1］魏建华，徐枫，吴超．桩侧后注浆与扩底抗拔桩承载特性研究［J］．地下空间与工程学报，2009，5（S2）：1727-1730.

［2］吴江斌，王向军，王卫东．桩侧注浆与扩底抗拔桩的极限载荷试验研究［J］．地下空间与工程学报，2018，14（1）：154-161.

［3］吴江斌，王卫东．黄绍铭，等．截面桩与扩底抗拔桩承载特性数值分析研究［J］．岩土工程学报，2008，29（9）：2583-2588.

［4］何世鸣，李江，杜高恒，等．部分粘结预应力抗拔（浮）桩试验研究及应用［J］．探矿工程-岩土钻掘工程，2007，34（Z1）：191-196.

［5］迟铃泉，赵志民，刘金砺，等. 抗拔灌注桩后张预应力技术试验研究与工程应用［A］//桩基工程进展2009［C］. 北京：中国建筑工业出版社，2009：260-267.

［6］赵晓光，高文生，迟铃泉. 抗拔灌注桩预应力技术的试验研究初探［J］. 建筑科学，2012，28（9）：51-56.

第 7 讲　水平承载力试桩：国家体育场

[地基通规] 关于单桩静载试验的要求如下：

> 5.2.5　单桩竖向极限承载力标准值应通过单桩静载荷试验确定。单桩竖向抗压静载荷试验应采用慢速维持荷载法。
> 5.2.6　承受水平力较大的桩基应进行水平承载力验算。单桩水平承载力特征值应通过单桩水平静载荷试验确定。
> 5.2.7　当桩基承受拔力时，应对桩基进行抗拔承载力验算。基桩的抗拔极限承载力应通过单桩竖向抗拔静载荷试验确定。

7.1　试桩目的

鉴于本工程的重要性，在桩基设计前应对在本工程特定的地层条件下常用的灌注桩水平承载特性进行现场试验研究及测试。[1] 根据桩基设计的需要并尽可能模拟桩基实际工作状态，水平试桩分为桩顶固接和桩顶自由两种类型。试桩工程争取达到如下目的：

（1）掌握桩顶在自由状态、固接状态下单桩水平承载力临界值和单桩水平承载力极限值，并对试验结果进行对比和研究。

（2）计算地基土水平抗力系数的比例系数 m 值，为采用 m 法进行桩基设计提供依据。

（3）测试桩身在水平荷载作用下弯矩内力分布状况，为桩身设计提供依据。

（4）研究桩土共同工作效应、群桩效应和承台侧土体的水平抗力。

7.2　地质情况及试桩桩型的选取

7.2.1　地质条件

选定试验区设计基底标高以下土层情况如表 7.1 所示。

地层岩性特征一览表 **表 7.1**

成因年代	大层编号	地层序号	岩性	各大层层顶标高变化范围（m）	各大层厚度变化范围（m）
人工堆积层	1	①$_1$	粉质黏土填土、黏质粉土填土	44.33 ~ 46.59（局部 51.28）	0.90 ~ 4.80（局部 7.50）
		①	房渣土		
第四纪沉积层	2	②	黏质粉土、粉质黏土	40.56 ~ 44.84	1.40 ~ 6.50
		②$_1$	砂质粉土		
		②$_2$	黏土、重粉质黏土		
	3	③	粉质黏土、重粉质黏土	37.01 ~ 40.39	2.70 ~ 9.00
		③$_1$	黏质粉土、砂质粉土		
		③$_2$	粉砂、砂质粉土		
	4	④	细砂、粉砂	31.11 ~ 35.15	1.40 ~ 8.70
		④$_1$	粉质黏土、重粉质黏土		
		④$_2$	砂质粉土、黏质粉土		
		④$_3$	圆砾		
	5	⑤	粉质黏土、黏质粉土	26.06 ~ 32.17	4.60 ~ 13.10
		⑤$_1$	黏土、重粉质黏土		
		⑤$_2$	砂质粉土		
		⑤$_3$	细砂、粉砂		
	6	⑥	粉质黏土、黏质粉土	17.63 ~ 23.04	0.30 ~ 6.30
		⑥$_1$	黏土、重粉质黏土		
		⑥$_2$	砂质粉土		
		⑥$_3$	细砂、粉砂		
	7	⑦	细砂、中砂	14.62 ~ 20.43	最大厚度 10.20m（该大层在场区东北部缺失）
		⑦$_1$	圆砾		
		⑦$_2$	黏质粉土、砂质粉土		
		⑦$_3$	粉质黏土、重粉质黏土		

7.2.2 桩型的选取

水平试桩桩型的选取综合考虑预估承载力、施工工艺、竖向荷载的影响，桩径采用 800 ~ 1200mm，按 $\alpha h \geqslant 4$（α 为桩的水平变形系数，h 为桩的入土深度）规定，桩长设定：ϕ800 桩长不小于 20m，ϕ1000 桩长不小于 23m，ϕ1200 桩长不小于 25m。试桩采用钻孔灌注桩，考虑竖向荷载影响桩径，ϕ1000 和 ϕ1200 采用桩侧和桩端后压浆工艺。试桩主要参数如表 7.2 所示。

水平试桩主要参数 **表 7.2**

桩型	桩顶自由水平试桩			桩顶固接水平试桩(有承台)
桩径（mm）	800	1000	1200	1000
试桩编号	HP1、HP2	HP3、HP4	HP5、HP6	HP7、HP8、HP9、HP10
桩长（m）	20.0	23.0	25.0	25.0
桩顶标高（m）	−1.000	−2.500	−2.500	−2.500
主筋规格	16Φ32 8Φ32	22Φ32 11Φ32	28Φ32 14Φ32	28Φ32 14Φ32
混凝土强度等级	C40	C40	C40	C40
桩侧后压浆与否	否	是	是	是
桩身应变测试数量(根)	1	1	1	2

7.3 试验方案设计

7.3.1 水平试桩方案：桩顶为自由

（1）试验采用双桩对顶互相提供反力方式，ϕ800 两桩 1 组、ϕ1000 两桩 1 组、ϕ1200 两桩 1 组。

（2）平面布置保证试桩上覆土不影响水平桩试验结果，受挤压的地基土应力作用范围不重叠。

（3）试桩距基坑开挖边坡大于4倍桩径。

（4）试桩平面布置、剖面示意及桩身应变测试位置见图7.1。

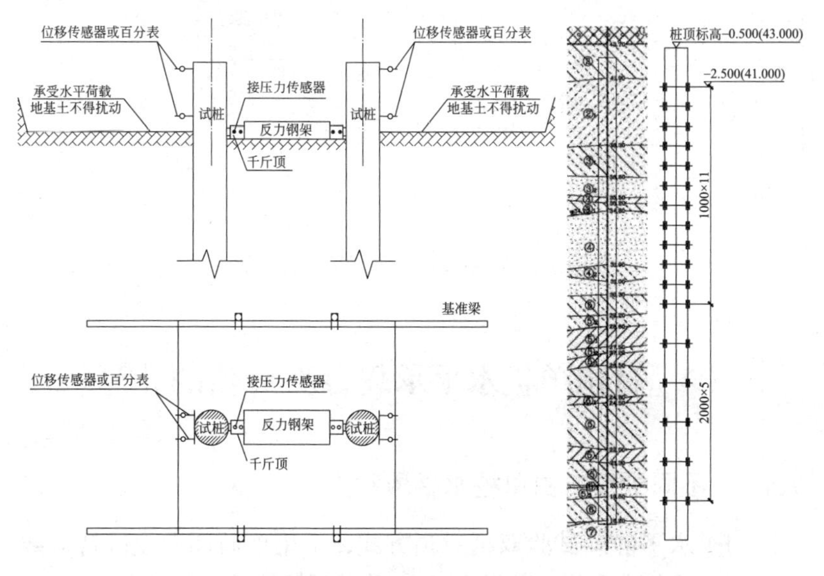

图7.1 自由单桩测试设计

7.3.2 承台、基桩和承台侧向土协同作用下的水平试桩方案

（1）为充分反映桩基在水平力作用下的实际工作情况，水平试桩桩顶边界条件采用桩顶固接两桩承台，同时监测垂直受力方向承台侧向受压土水平抗力。

（2）试验设计中未考虑沿受力方向承台的侧摩擦力，因 $s_a/d \leqslant 6$（s_a 为桩间距，d 为桩的直径），试验也不计承台底的摩阻力。

（3）承台设计尺寸为6000mm（长）×2000mm（宽）×2000mm（高），为测试垂直于水平受力方向承台侧向土对承台基础的水平抗力，设置与承台大小一致的钢筋混凝土承载板。

（4）承台侧向承受水平荷载地基土开挖时为原状土，不得扰动。

（5）试桩平面布置示意见图 7.2，桩身应变测试位置同自由单桩。

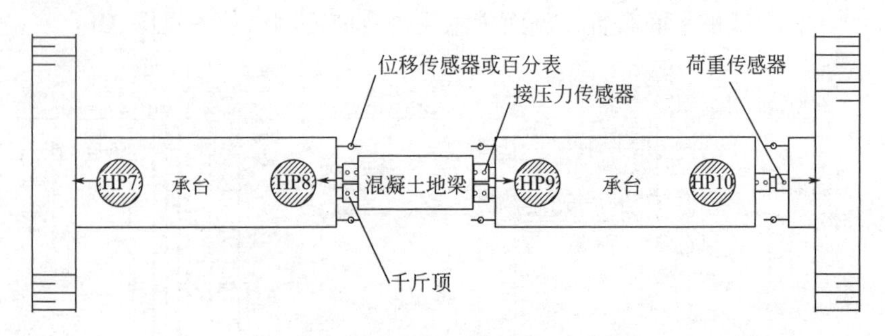

图 7.2 桩顶固接水平试桩平面布置

7.4 自由单桩水平承载力及 *m* 值的计算

7.4.1 不同桩径自由单桩水平承载力

（1）水平静载试验双桩对顶方式，采用单循环慢速维持荷载法，水平承载力取值汇总见表 7.3，静载试验测试结果见图 7.3。

自由单桩水平承载力取值 表 7.3

桩径（mm）	桩号	桩长（m）	主筋	桩顶标高（m）	单桩水平极限荷载取值（kN）	单桩水平临界荷载取值（kN）
800	HP1、HP2	20.0	16⌀32 8⌀32	42.50	1200	300
1000	HP3、HP4	23.0	22⌀32 11⌀32	41.00	1700	700
1200	HP5、HP6	25.0	28⌀32 14⌀32	41.00	2000	700

（2）水平极限荷载试验按位移不大于 40mm 取值，临界荷载取值按应变测试结果取值。

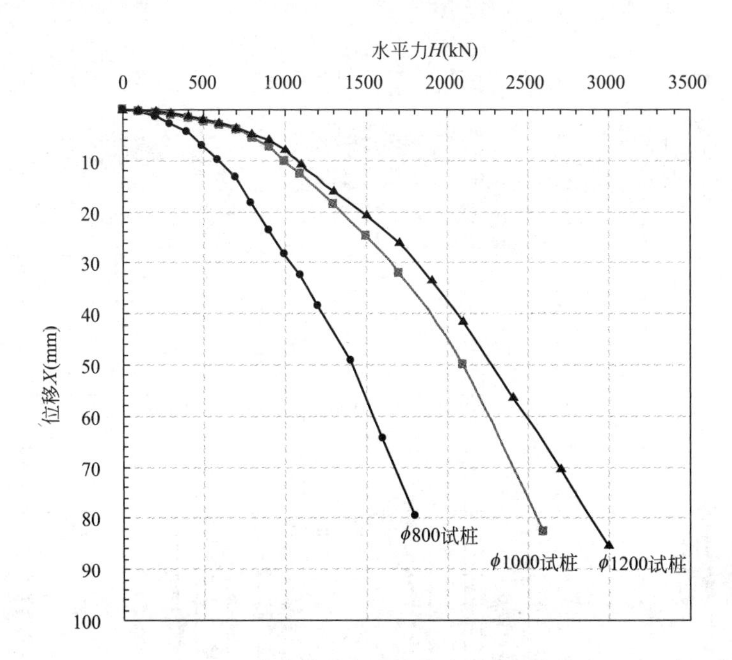

图 7.3 自由单桩水平静载试验测试结果

7.4.2 不同桩径自由单桩弯矩分布及最大弯矩点位置

取拉压应力明显不对称分布前一级荷载作为单桩水平临界荷载。自由单桩弯矩测试结果汇总见表 7.4，桩身应力、弯矩分布曲线见图 7.4。

自由单桩桩身弯矩测试结果 表 7.4

桩径（mm）	桩号	桩顶标高（m）	单桩水平临界荷载取值（kN）	最大弯矩点标高（m）	第一弯矩零点标高（m）	第二弯矩零点标高（m）
800	HP1	42.50	300	38.50	35.00	28.00
1000	HP3	41.00	700	39.00	33.00	30.00
1200	HP5	41.00	700	37.00	32.00	28.00

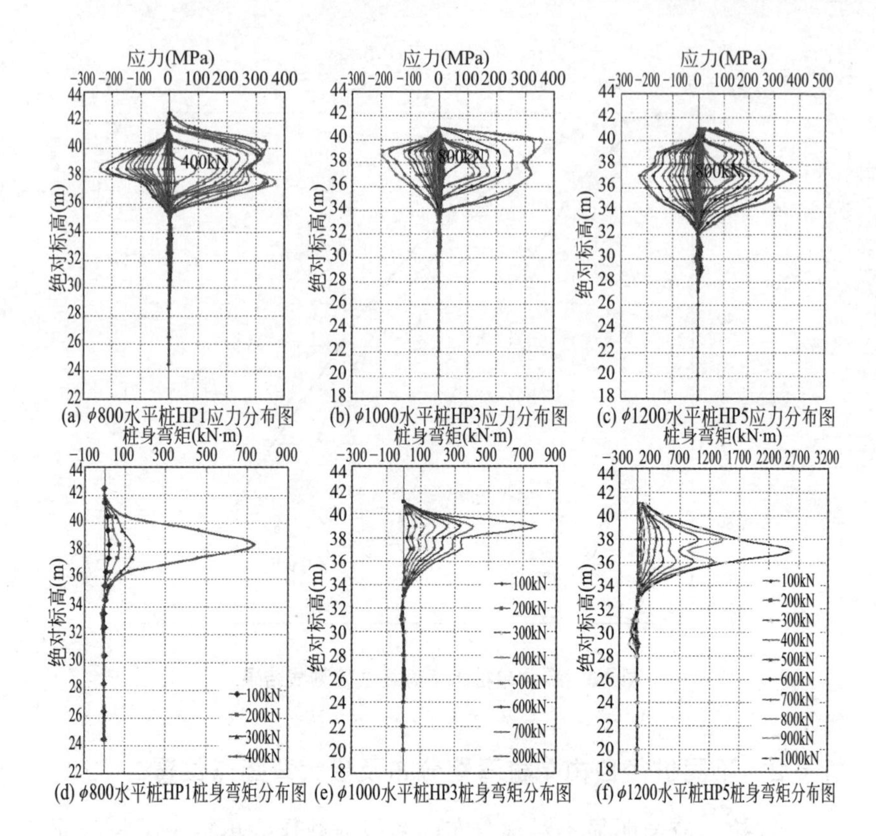

图 7.4　自由单桩应力测试结果及弯矩计算曲线

7.4.3　*m* 值的试验取值及取值方法探讨

（1）*m* 值计算结果如图 7.5 所示，临界荷载及 6mm 水平位移对应的 *m* 值如表 7.5 所示。

（2）*m* 值的取值考虑以下两个条件：①桩长范围内的土大部分仍处于弹性工作状态；②桩身设计中对裂缝的要求。

表 7.5 中提供了临界荷载和水平位移 6mm 分别对应的 *m* 值，其中单桩临界荷载 H_{cr} 对应的为不容许桩截面开裂 *m* 值；水平位移 6mm 对应的为弹性段结束时的 *m* 值，此时桩周土仍处于弹性工作状态，桩身截面裂缝在水平荷载卸载后能闭合，此时 *m* 值更充分

地反映了桩周土抗水平荷载的能力。

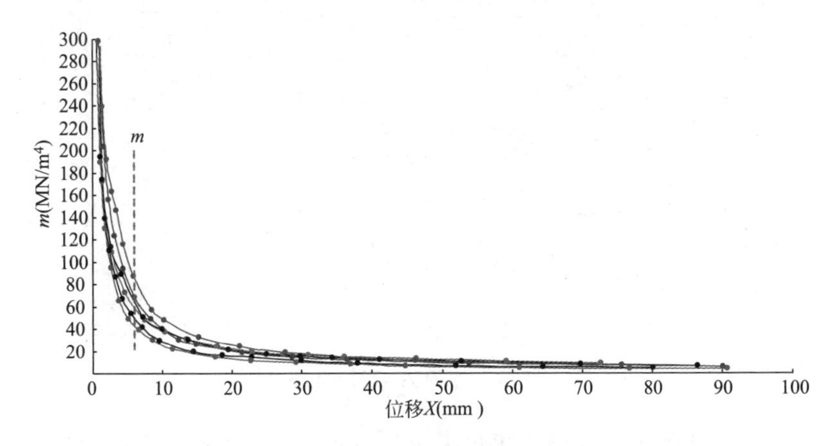

图 7.5 *m* 值曲线

***m* 值取值结果汇总** **表 7.5**

桩径	桩号	桩顶标高（m）	H_{cr}（kN）	X_{cr}（mm）	H_{cr} 对应的 *m* 值（MN/m^4）	6mm 对应的 *m* 值（MN/m^4）
800mm	HP1	42.50	300	2.75	95	50
	HP2			2.67		
1000mm	HP3	41.00	700	3.36	108	70
	HP4			4.38		
1200mm	HP5	41.00	700	3.22	68	40
	HP6			3.80		

注：H_{cr} 为单桩临界荷载；X_{cr} 为单桩临界荷载对应的水平位移。

7.5 承台、基桩和承台侧向土协同作用下基桩水平承载力

7.5.1 协同作用下基桩水平承载力和承台侧向土水平抗力

图 7.6（a）为承台水平力 – 位移曲线，图 7.6（b）为承台侧向土水平力 – 位移曲线。

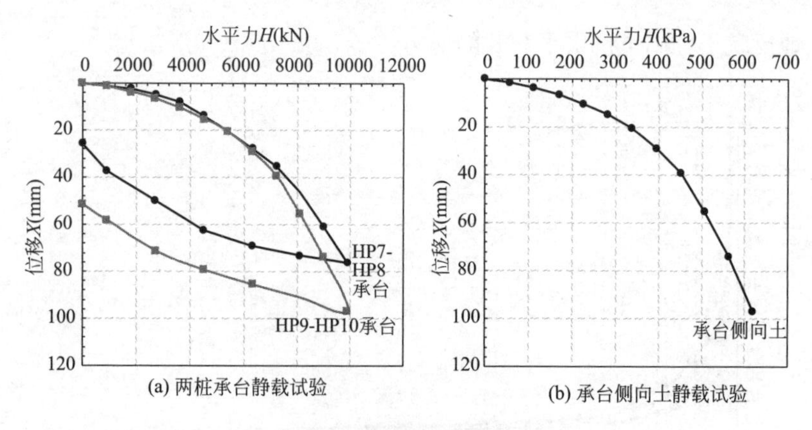

图 7.6　水平力 - 位移曲线

（1）两桩承台体系水平极限承载力及承台侧向土承载力取值：

将承台、桩基础及承台侧向土作为一个独立的体系，其水平力 – 位移曲线测试结果如图 7.6（a）所示，其水平极限承载力 R 按照水平位移为 40mm 对应的荷载取值。

承台侧向土水平抗力为荷重传感器监测结果，位移与 HP9–HP10 承台相同，将承台侧向土单独作为一个体系，其水平力位移曲线测试结果如图 7.6（b）所示，其水平极限承载力 R_l 按照总水平位移为 40mm 对应的荷载取值。

（2）承台中基桩水平极限承载力取值：

根据《建筑桩基技术规范》JGJ 94—2008，群桩基础中基桩水平承载力计算如下：

$$R_{\mathrm{h}}=\eta_{\mathrm{h}}R_{\mathrm{ha}}\text{，其中}\ \eta_{\mathrm{h}}=\eta_i\eta_{\mathrm{r}}+\eta_l\text{。}$$

本工程测试中，不考虑承台底摩阻效应。R_l 为承台侧向土水平抗力。计算桩的相互影响效应系数 $\eta_i=0.83$，故不考虑承台侧向土水平抗力时，桩顶固接单桩水平承载力 R_{r} 按如下公式计算：

$$R_{\mathrm{r}}=\frac{R-R_l}{2\eta_i}\text{。}$$

（3）极限承载力取值结果汇总如表 7.6 所示。

桩顶固接水平桩荷载取值 表 7.6

承台	桩径（mm）	桩长（m）	主筋	桩顶固接两桩承台水平荷载取值（kN）	桩顶固接单桩水平荷载取值（kN）	承台侧向土水平抗力值
HP7–HP8	1000	23.0	22Φ32 11Φ32	7200	3253	1800kN/450kPa
HP9–HP10	1000	23.0	22Φ32 11Φ32	7200	3253	1800kN/450kPa

7.5.2 桩身内力分析及弯矩分布状况

图 7.7（a）为 HP7 主筋应力曲线，图 7.7（c）为 HP8 主筋应力曲线，图 7.7（b）、图 7.7（d）为对应开裂前弯矩曲线（计算至承台体系受力 3600kN）。

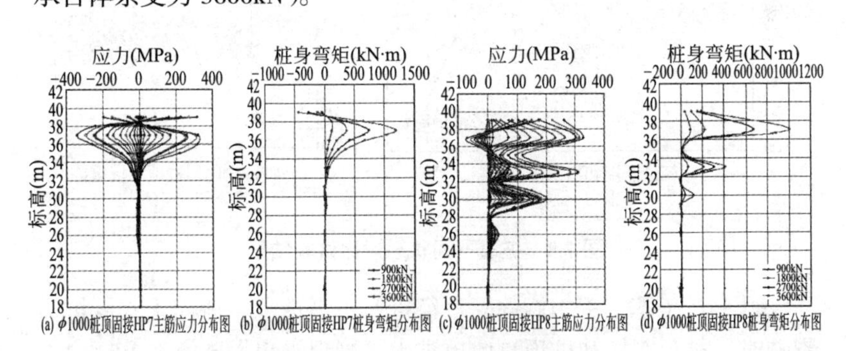

图 7.7 水平试桩桩身应力曲线

水平桩内力测试结果分析：

（1）根据桩身应变测试结果，HP7 试桩基本符合受纯水平力后的应力分布曲线；HP8 试桩由于接近受力点，除受水平力外，还承受因承台转动带来的上拔影响。

（2）试桩最大弯矩点在桩与承台连接处，第二大弯矩点在桩顶以下 3m 左右。

（3）水平试桩应力集中区为桩顶以下 4 ~ 6 倍桩径，工程桩中配筋应相应增强。

7.6 ϕ1000 试桩桩顶自由与桩顶固接状态下单桩受力特性的比较

图 7.8（a）为荷载变形对比曲线，图 7.8（b）为弯矩变化对比曲线。

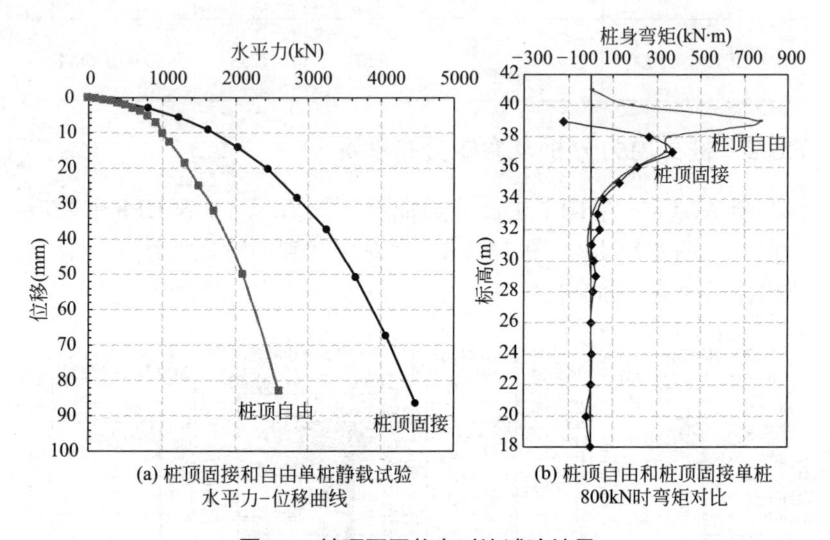

图 7.8 桩顶不同状态对比试验结果

（1）对于本工程 1000mm 直径桩，不考虑承台侧向土水平抗力影响时，桩顶固接和桩顶自由单桩水平极限承载力比值为 1.91。

（2）对于本工程 1000mm 直径桩，不考虑承台侧向土水平抗力影响时，桩顶固接和桩顶自由在 800kN 时桩身最大弯矩比值为 0.48。

7.7 试验结果分析和结论

（1）桩顶固接与桩顶自由相比，承载力有较大幅度提高，桩身弯矩有较大幅度降低。

（2）承台体系极限荷载时，水平承台侧向土占总水平荷载

25%，承台侧向土对水平承台有一定的约束作用，对提高桩基水平承载力及降低桩身弯矩均有一定作用。

（3）桩顶固接水平试桩最大弯矩点在桩与承台连接处，其次第二大弯矩点在桩顶以下4倍桩径处；桩顶自由最大弯矩点在桩顶以下2倍桩径处，与已有资料相吻合。

（4）地基土水平抗力系数的比例系数建议取弹性段结束对应的 m 值，对于1000mm直径桩，对应水平位移为6mm，本工程取值为 $40MN/m^4$。

（5）根据试桩结果，水平试桩桩型最后主要选择了1000mm直径桩，对地基土和肥槽回填进行严格控制，经工程桩检验和实际工程效果良好。

7.8　大型承台－桩基础设计要点

国家体育场（“鸟巢”）作为北京2008年第29届奥运会的主体育场，承担开、闭幕式和田径比赛等主要赛事，总建筑面积约25万 m^2，奥运会比赛设观众座席10万个。国家体育场的大跨度屋盖支撑在24根桁架柱之上（图7.9）。国家体育场大跨度结构造型非常独特，构件尺寸巨大，大量采用由钢板焊接而成的箱形构件，交叉布置的主结构与屋面及立面的次结构一起形成了“鸟巢”的特殊建筑造型。典型的主桁架、桁架柱及柱脚的立面见图7.10。根据国家体育场钢屋盖桁架柱的受力特点，提出一种半埋入式柱脚，抗倾覆能力强，抗弯刚度大，锚固件埋深较小，承台厚度得到有效控制。半埋入式柱脚的传力途径见图7.11。

根据国家体育场桁架柱柱底受法向弯矩比环向弯矩大得多的特点，在混凝土承台设计时重点采取了以下措施：

（1）布桩方式与桩型选择。桩群采用矩形布置，将矩形的长边置于主弯矩的方向，提高群桩在主弯矩方向的抵抗矩，有利于发挥群桩的作用。由于大型柱脚－承台承受荷载巨大，对基础的强度和变形量要求很高。为满足承载力和沉降控制要求，采用了大直径钻孔灌注桩基础，桩径为1000mm，桩长约30m。为了提高单桩承载力，减小沉降量，在施工中采用了后注浆工艺，单桩承载力特征值可达 10000kN 左右。

（2）群桩中心与柱脚形心偏心设置。对于柱脚弯矩值较大而轴力较小的情况，为了控制桩受到的拉力值，发挥桩抗压承载力大大高于抗拉承载力的优势，在群桩形心和柱脚形心之间设置了较大的偏心距。从图 7.12 中可以看出，设置适当的偏心可以避免桩承受较大的拉力，从而有效地减少桩的数量，达到最佳的技术经济效果。

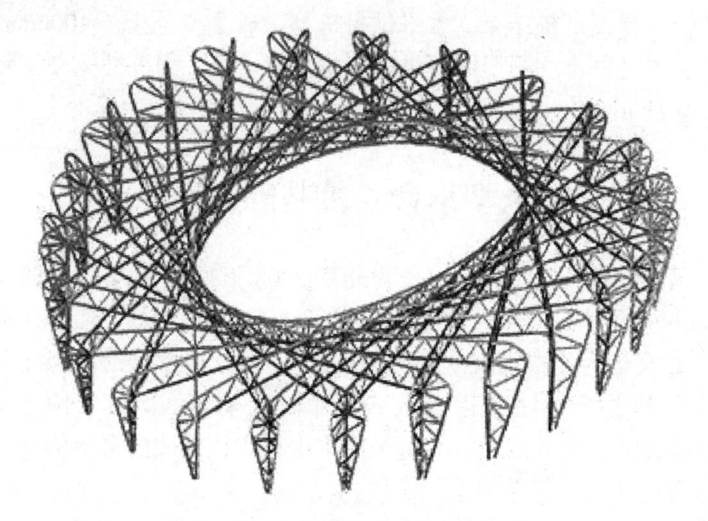

图 7.9　大跨度屋盖支撑结构示意

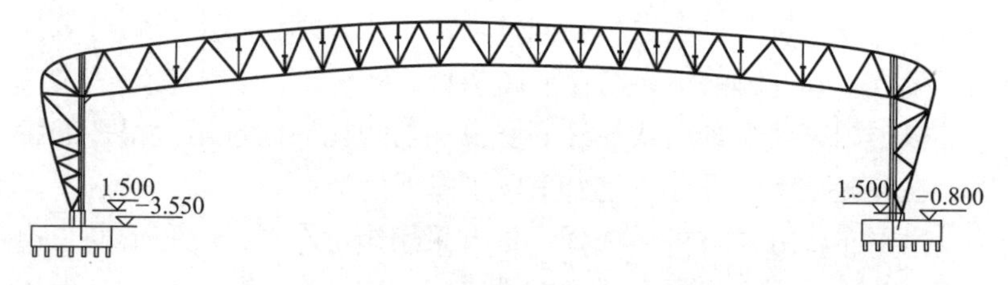

图 7.10　主桁架立面展开示意图

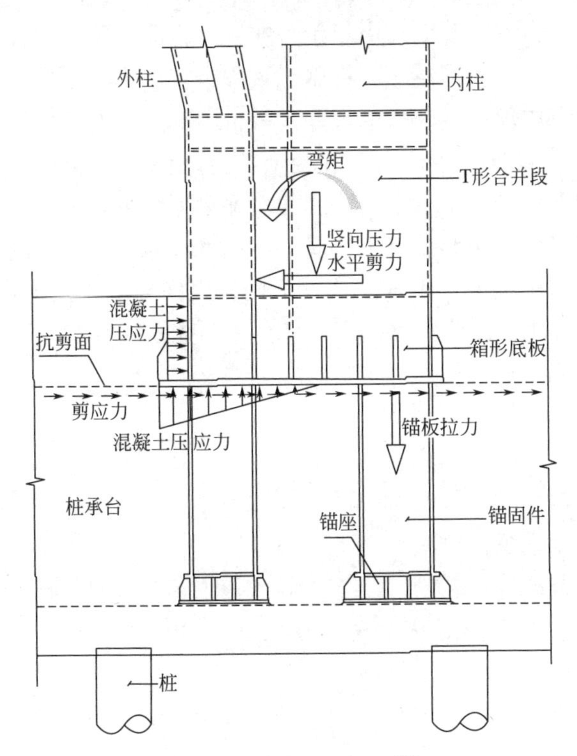

图 7.11 柱脚内力传递[2]

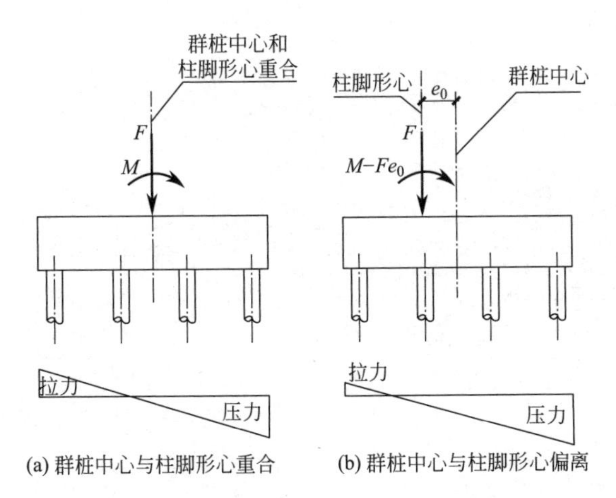

(a) 群桩中心与柱脚形心重合　　(b) 群桩中心与柱脚形心偏离

图 7.12 群桩中心与柱脚形心的偏心设置

（3）承台三向配筋。由于承台在三个方向的尺寸均较大，单个承台已形成大体积混凝土，在施工过程中将产生大量的水化热，在承台表面和内部产生较大的温差，承台内部由于温度分布不均匀而产生应力。同时大型柱脚－混凝土承台的整体有限元分析结果显示，大型钢柱脚－承台混凝土受力情况十分复杂。因此，除在锚固件周围布置计算需要的抗拔钢筋，还在承台的上、下表面及中部布置适量的水平钢筋，形成三向钢筋网，以提高混凝土承台的抗弯、抗剪与抗拔能力，改善钢柱脚在承台中的锚固性能。

参考文献

［1］徐寒，钟冬波，邹东峰. 国家体育场桩基水平承载性状的试验研究［J］. 工程质量，2009，27（8）：8-13.

［2］范重，王春光，曹万林，等. 国家体育场大型柱脚-混凝土承台设计研究［J］. 建筑钢结构进展，2007（4）：30-39.

第 8 讲　试桩比较：灌注桩后注浆增强效果

泥浆护壁灌注桩“固有的工艺缺陷——桩底沉渣和桩侧泥皮问题始终是制约单桩承载力和质量稳定性的主要因素”[1]。

“通过预埋于钢筋笼上的桩端注浆阀和桩侧注浆阀实施后注浆，以加固桩端沉渣、桩侧泥皮和桩周一定范围内的土体，提高单桩承载力，减小沉降。”[2]灌注桩后注浆增强效果总的变化规律是：端阻的增幅高于侧阻，粗粒土的增幅高于细粒土。桩端、桩侧复式注浆高于桩端、桩侧单一注浆。这是由于端阻受沉渣影响敏感，经后注浆后沉渣得到加固且桩端有扩底效应，桩端沉渣和土的加固效应强于桩侧泥皮的加固效应。

8.1　后注浆与否对比

8.1.1　超长灌注桩

（1）上海中心大厦进行了超长灌注桩的后注浆效果的对比分析，桩端桩侧均进行了后注浆的试桩与未后注浆的试桩对比[3]，其静载试验曲线如图 8.1 所示。可见后注浆效果非常显著。

（2）天津于家堡金融区某工程，为了获取准确可靠的超长灌注桩设计参数、掌握超长桩的后注浆效果，在场地之外进行了专门的试验桩测试工作[4]，包括桩径为 800mm、1000mm 的基桩竖向抗压承载力试验以及桩径为 600mm 的基桩抗拔承载力试验，其中桩径为 800mm 试验基桩的设计参数参见表 8.1，其 Q–s 曲线见图 8.2，仅桩底注浆的单桩承载力低于复合注浆（桩底 + 桩侧注浆）。

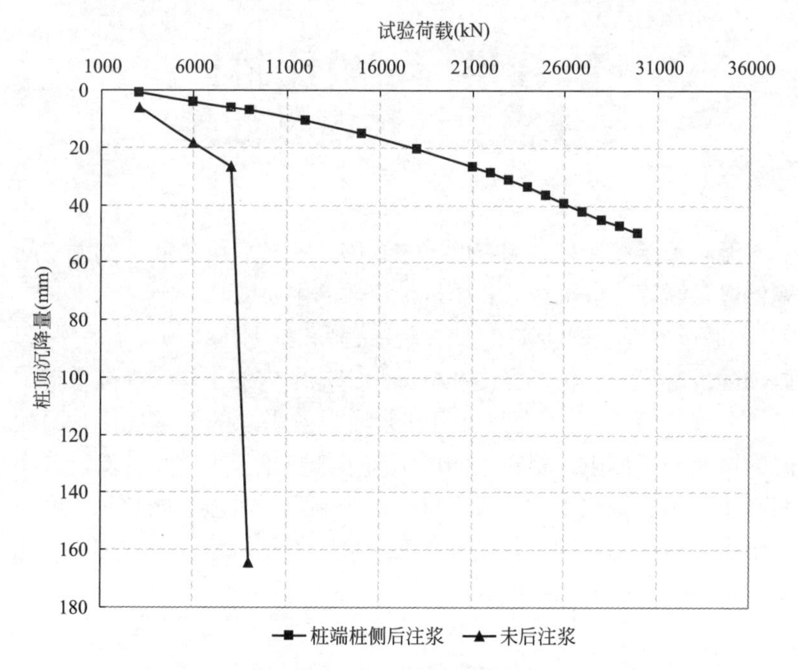

图 8.1 后注浆与否试桩比较

试验设计参数 **表 8.1**

试验桩编号	桩径（mm）	桩长（m）	后注浆设置
SZ0-1、2、3	800	66.5	仅桩底注浆
SZ1-1、2、3	800	66.5	桩底 + 桩侧注浆

8.1.2 珊瑚礁灰岩

珊瑚礁灰岩层中的桩基承载特性是当前热点研究问题。基于某跨海大桥工程开展的珊瑚礁灰岩层中桩端后压浆桩现场静载荷试验，对比分析了压浆前后的实测结果如图 8.3 所示。试桩表明“（1）桩端后压浆技术可应用于珊瑚礁灰岩地层中，并能有效地提高桩基承载力和减小沉降量。（2）桩端钻孔取芯表明浆液向下渗入 3m 左右，压力浆液对珊瑚礁灰岩的孔隙有充填作用，且能在较大孔隙处封堵和附着胶结，从而改善珊瑚礁灰岩层中最薄弱的区域。”[5]

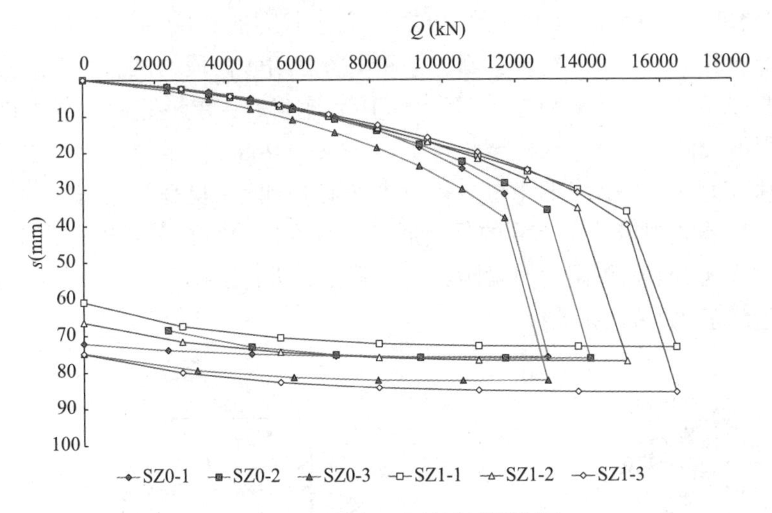

图 8.2 后注浆工艺效果试桩比较

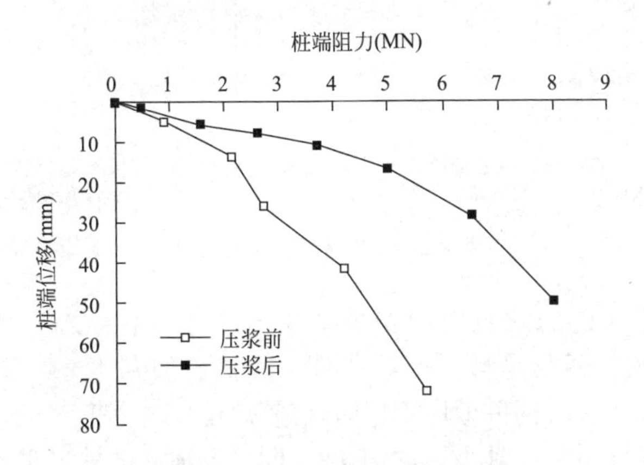

图 8.3 后注浆与否试桩结果对比

8.2 后注浆增强系数

编制［北京地规］2009 年版的过程中，共收集了 11 个工程的 104 根后注浆钻孔灌注桩静载荷试验资料，桩长从 14.2 ~ 55m，桩径分别为 700mm（6 根）、800mm（32 根）、1000mm（43 根）、1100mm

（12 根）、1200mm（11 根），单桩极限承载力从 6300 ~ 35000kN 不等。其中，中央电视台总部大楼和国贸三期 A 阶段的试桩静载试验曲线见图 8.4。静载试验表明，采用后注浆后，单桩竖向承载力极限值较同等条件下未注浆桩可提高 53% ~ 268%。本规范中后注浆承载力估算公式参照［桩基规范］确定，侧阻力提高的范围也参照该规范的规定。所不同的是，通过对收集到的实测资料进行分析，对该规范中的侧阻力及端阻力的增强系数进行了调整，使之更适用于北京地区的地质情况。

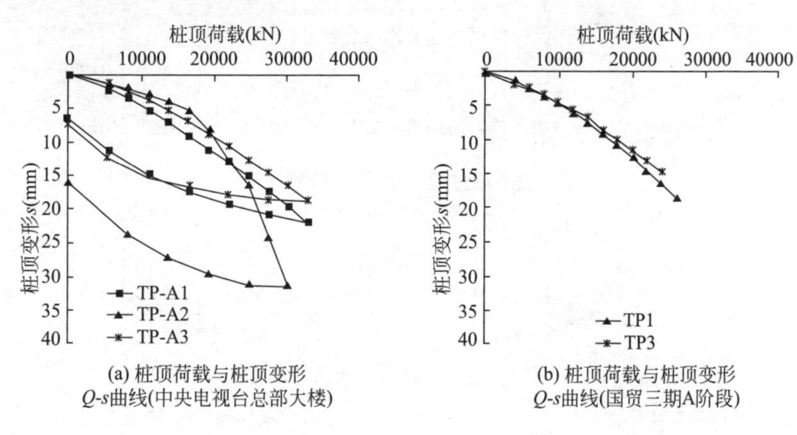

图 8.4　北京试桩 *Q-s* 曲线[6]

鉴于“桩的承载力和安全系数不仅与它本身的几何条件和材料有关，还与土性、荷载条件、成桩机械和工艺、施工质量（workmanship）、时间效应等方面有着密切的、错综复杂的关系。”① 参见“第 4 讲桩身轴力”的图 4.3，同一场地的试桩实测桩侧阻力随深度的分布，同一卵石层的侧阻力值，相比于卵石层侧阻力经验值 140 ~ 170kPa，短桩时的桩侧阻力发挥至 503kPa，而长桩时为 283kPa，侧阻力增强系数分别为短桩时的接近高值的 3 倍和长桩时的低值的 2 倍，对比［桩基规范］和［北京地规］，可知长桩的侧阻力后注浆增强系数均低于两本规范给出的 β_s 值。

① 沈保汉著《桩基与深基坑支护技术进展》之序二（作者：张在明 中国工程院院士）。

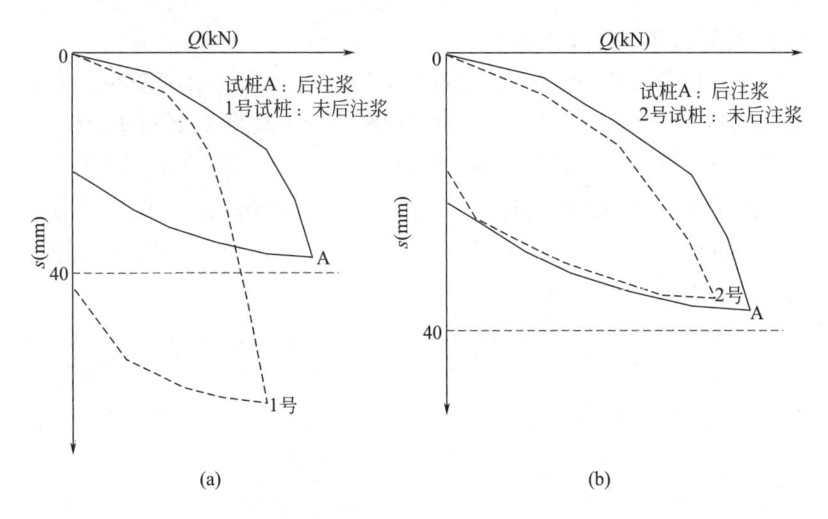

图 8.5 后注浆效果试桩对比

某工程专门进行了后注浆与未后注浆的钻孔灌注桩静载试验对比，实测得到的试桩 *Q-s* 曲线如图 8.5（a）与（b）可知，后注浆对于提高单桩承载力确有实效，但是同样是未后注浆灌注桩，1 号试桩与 2 号试桩的承载特性明显不同，究其原因，同样泥浆护壁钻孔工艺，其施工质量存在差别。

分析灌注桩后注浆增强效果（后注浆侧阻力增强系数 β_s，端阻力增强系数 β_p）时，尚应充分考虑灌注桩成孔施工工艺质量、后注浆施工质量的影响。

8.3 成桩质量差异

8.3.1 泥皮厚度

陕西信息大厦工程进行了场外 3 组单桩竖向承载力静载试验，研究黄土地基中超长钻孔灌注桩工程性状[7]。建筑场地位于西安市朱雀大街与南二环路十字的东北角。场地内第四系土层厚度约为 700 ~ 800m。地质勘探深度 150m 内的地基土分为 17 层，与试桩设置相关的地层分布见图 8.6。

3 根试桩施工分别由 3 个施工单位承担。对 3 根试桩的施工质量进行了综合检测，内容为：钻孔施工质量检测（桩孔孔径、垂直度偏差、沉渣厚度等），桩身混凝土质量完整性检测。同时对 3 根试桩进行了单桩竖向承载力、水平承载力静载试验、桩身轴力传递、侧阻力发挥等工程性状的试验研究[8]。试桩实测桩顶沉降与桩端沉降值汇总于表 8.2。

成孔时间长短，泥皮厚度不同，No.1 试桩桩孔施工时间长达 196h，No.2 试桩成孔时间为 89h，No.3 试桩成孔时间最短仅用了 20h。孔壁泥皮实测为塑性指数 $I_P = 19.5$ 的黏土，泥皮厚度：No.1 试桩泥皮厚度较大可达 12 ~ 15mm，No.2 试桩一般厚为 4 ~ 8mm，No.3 试桩无泥皮[7]。由表 8.2 可知，桩顶沉降值 No.3 试桩最小，No.1 试桩最大，而 No.2 试桩居中，泥皮厚度与桩顶沉降密切相关。

层号	土层名称	标高(m)	高程(m)	厚度(m)	地层剖面及试桩设置图
钻孔 No15	试坑地坪	−10.40	403.30	0	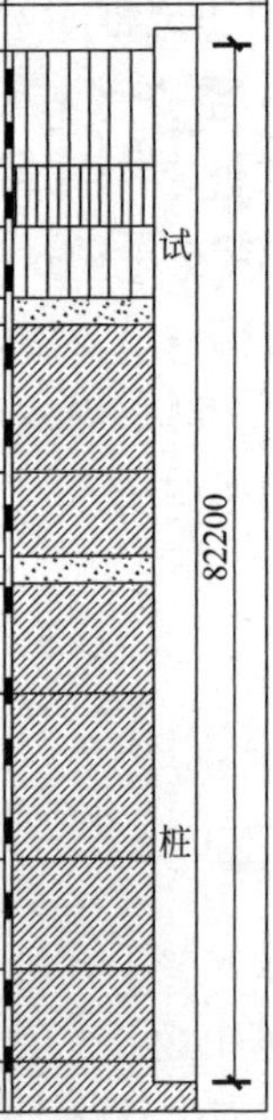
③	黄土	−19.60	394.10	9.20	
④	古土壤	−24.30	389.40	4.70	
⑤	粉质黏土	−30.20	383.50	5.90	试
zc	中粗砂	−32.80	381.10	2.40	
⑥	粉质黏土	−44.40	369.30	11.80	
⑦	粉质黏土	−51.00	362.70	6.60	82200
z	中砂	−53.50	360.20	2.50	
⑧	粉质黏土	−62.20	351.50	8.70	
⑨	粉质黏土	−75.60	338.10	13.40	桩
⑩	粉质黏土	−84.30	329.40	8.70	
⑪	粉质黏土	−91.90	321.80	7.60	
⑫	粉质黏土			>5.00	

图 8.6　试桩设置与地层分布

试桩桩顶与桩端沉降统计 表 8.2

试桩编号	桩顶荷载 Q（MN）	试桩桩顶			工程桩桩顶（试桩桩顶以下 7.20m）			试桩桩端
		沉降（mm）	回弹（mm）	残余沉降（mm）	沉降（mm）	回弹（mm）	残余沉降（mm）	沉降（mm）
No.1	27	47.576	28.048	19.528	38.577	23.206	15.371	0.000
No.2	27	45.040	27.359	17.681	33.026	19.125	13.901	0.000
No.3	27	32.004	20.380	11.624	23.751	13.704	10.047	0.000

泥浆护壁钻孔灌注桩的施工质量好坏对桩的承载性状影响很大，应引起足够的重视。在施工过程中，经常出现孔内水位下降的情况，在钻孔过程中，桩周土体中的应力、应变场发生变化，一般孔壁的侧向应力解除，出现土的松弛效应，孔壁的侧向变形发生，就会降低土的结构强度，降低侧阻力[8]。文献［8］建议钻孔施工要尽量缩短施工时间，置换泥浆要保证桩孔内的水位水头，保持孔壁的侧压平衡；桩孔垂直度严格控制在规范规定的范围内，加强桩孔施工质量的检测；灌注桩混凝土质量也至关重要，特别是桩身上部的混凝土质量，对桩的承载力影响较大，应加强施工监理。

8.3.2 成孔工艺

通过现场静载试验，研究了珊瑚礁灰岩地区冲击钻孔灌注桩和旋挖钻孔灌注桩的承载特性[9]，试桩静载试验曲线见图 8.7，其中 B–1 号试桩为旋挖成孔，A–2 号和 A–3 号试桩为冲孔桩。文献［9］研究结论：（1）冲击钻孔灌注桩的成孔时间约为 4d，充盈系数为 1.37；旋挖钻孔灌注桩的成孔时间约为 4h，充盈系数约为 1.26；桩长、桩径相同时，冲击钻孔灌注桩的施工时间和充盈系数分别是旋挖钻孔灌注桩的 24 倍和 1.09 倍。（2）冲击钻孔灌注桩桩端阻力随桩顶荷载增加而增加，表现为摩擦端承桩特性，旋挖钻孔灌注桩桩身轴力随荷载增加逐渐向下传递，表现为摩擦桩特性。（3）旋挖钻孔灌注桩的承载特性明显优于冲击钻孔灌注桩，其极限抗压承载力、单桩抗压承载力特征值是冲击钻孔灌注桩的 2.85 倍，其桩长范围内极限侧摩阻力平均值是冲击钻孔灌注桩的 8.03 倍。（4）造成冲击钻孔灌注桩承载特性较差的原因是冲击成孔过程中在孔周形成了较厚泥皮，大大降低了桩周地层的侧摩阻力。

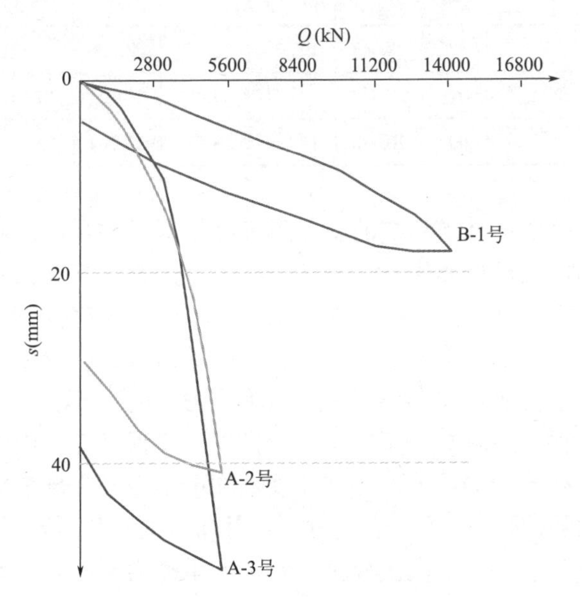

图 8.7　不同成孔工艺试桩 Q-s 曲线比较

【附】规范相关条文：

1）[桩基规范]：

后注浆侧阻力增强系数 β_{si}、端阻力增强系数 β_p　表 5.3.10

土层名称	淤泥 淤泥质土	黏性土 粉土	粉砂 细砂	中砂	粗砂 砾砂	砾石 卵石	全风化岩 强风化岩
β_{si}	1.2 ~ 1.3	1.4 ~ 1.8	1.6 ~ 2.0	1.7 ~ 2.1	2.0 ~ 2.5	2.4 ~ 3.0	1.4 ~ 1.8
β_p	—	2.2 ~ 2.5	2.4 ~ 2.8	2.6 ~ 3.0	3.0 ~ 3.5	3.2 ~ 4.0	2.0 ~ 2.4

注：干作业钻、挖孔桩，β_p 按表列值乘以小于 1.0 的折减系数。当桩端持力层为黏性土或粉土时，折减系数取 0.6；为砂土或碎石土时，取 0.8。

2）[北京地规]：

后注浆侧阻力增强系数 β_{si}、端阻力增强系数 β_p 表 9.2.7

土层名称	黏性土、粉土	粉砂、细砂	中砂	粗砂、砾砂	砾石、卵石
β_{si}	1.4 ~ 1.8	1.6 ~ 2.0	1.7 ~ 2.1	1.9 ~ 2.5	2.2 ~ 3.0
β_p	1.8 ~ 2.5	2.0 ~ 2.8	2.2 ~ 3.0	2.4 ~ 3.5	2.6 ~ 3.6

参考文献

［1］刘金砺，祝经成. 泥浆护壁灌注桩后注浆技术及其应用［J］. 建筑科学，1996（2）：13-18.

［2］刘金砺，高文生.《建筑桩基技术规范》JGJ 94—2008的若干技术焦点［A］//王新杰主编. 2009海峡两岸地工技术/岩土工程交流研讨会论文集（大陆卷）［C］. 北京：中国科学技术出版社，2009.

［3］孙宏伟.京津沪超高层超长钻孔灌注桩试验数据对比分析［J］. 建筑结构. 2011，41（9）：143-146.

［4］孙宏伟，沈莉，方云飞，等. 天津滨海新区于家堡超长桩载荷试验数据分析与桩筏沉降计算［J］. 建筑结构，2011，41（S1）：1253-1255.

［5］万志辉，戴国亮，龚维明. 珊瑚礁灰岩层后压浆桩增强效应作用机制［J］. 岩土力学，2018，39（2）：1-8.

［6］邹东峰. 北京超长灌注桩单桩承载特性研究［J］. 岩土工程学报，2013，35（S1）：388-392.

［7］费鸿庆，王燕. 黄土地基中超长钻孔灌注桩工程性状研究［J］. 岩土工程学报，2000，22（5）：576-580.

［8］费鸿庆，王燕，罗少锋，等. 施工质量对钻孔灌注桩承载性状的影响［J］. 施工技术，2000（9）：8-10.

［9］乔建伟，郑建国，夏玉云. 珊瑚礁灰岩钻孔灌注桩承载特性试验研究［A］//桩基工程技术进展2021［C］. 北京：中国建筑工业出版社，2021.

第9讲 试桩比较：嵌岩与入岩

【**惑**】桩端嵌入岩层的桩，不是嵌岩桩？

嵌岩桩，望文生义“桩端嵌入岩层的桩”，然而桩端入岩并不等于嵌岩，即入岩桩≠嵌岩桩。

嵌入岩层可以分为嵌岩和入岩。入岩桩，即桩端进入岩层的桩，包括嵌岩桩。因而，嵌岩桩可以理解为是满足一定条件的入岩桩，“一定条件”在［桩基规范］中表述为“桩端置于完整、较完整的基岩”。

当满足“桩端置于完整、较完整的基岩”的条件时，才可按照［桩基规范］嵌岩桩承载力计算公式估算单桩承载力。满足这一条件，尚需关注成桩施工工艺质量。因为岩石单轴抗压强度f_{rk}值表征岩石的坚硬程度，而坚硬并不必然代表完整，加之成桩施工工艺质量的影响，会导致嵌入岩层段的承载特性出现变化。

$$Q_{uk}=u\sum q_{sik}l_i+\zeta_r f_{rk}A_p$$

事例1：桩端嵌入石灰岩

由图9.1可知，试桩结果与按“嵌岩桩”预估的单桩承载力差别显著，其中TP1试桩实测得到的单桩极限承载力不及估算值的一半，TP1试桩（桩长23.5m，桩径1000mm）单桩竖向抗压极限承载力取值9120kN；TP2和TP3试桩（桩长25.6m、25.7m，桩径1000mm）单桩竖向抗压极限承载力取值14300kN。

在极限荷载作用下，TP1试桩桩侧阻力约占总荷载的70%，桩端阻力约占总荷载的30%；TP2、TP3试桩桩侧阻力和桩端阻力各约占总荷载的50%。

在静载试验之前和之后，均采用低应变法检测了桩身完整性，结果显示试桩在静载试验前后桩身完整，可判断为岩土阻力破坏。

经过多轮会商，决定对于TP1试桩进行复压。图9.2为复压

的 Q-s 曲线，桩端阻力仍然无法有效发挥，尽管桩顶沉降已达250mm。结合桩身轴力测试结果（图 9.3），决定通过钻芯法检验桩端沉渣、桩端后注浆以及桩身混凝土实际情况。

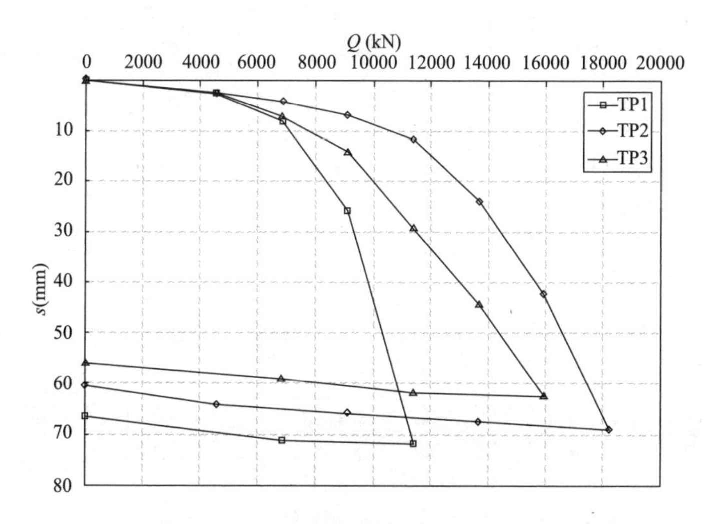

图 9.1　某工程“嵌岩桩”试桩静载曲线

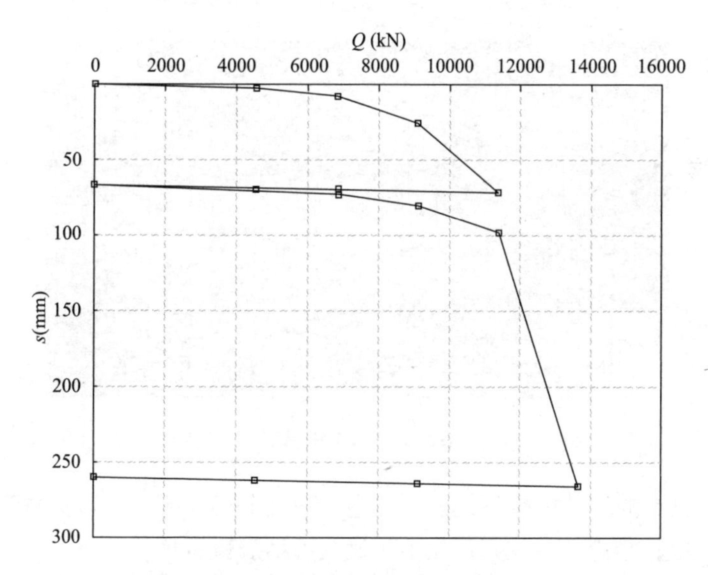

图 9.2　灌注桩试验桩 Q-s 曲线

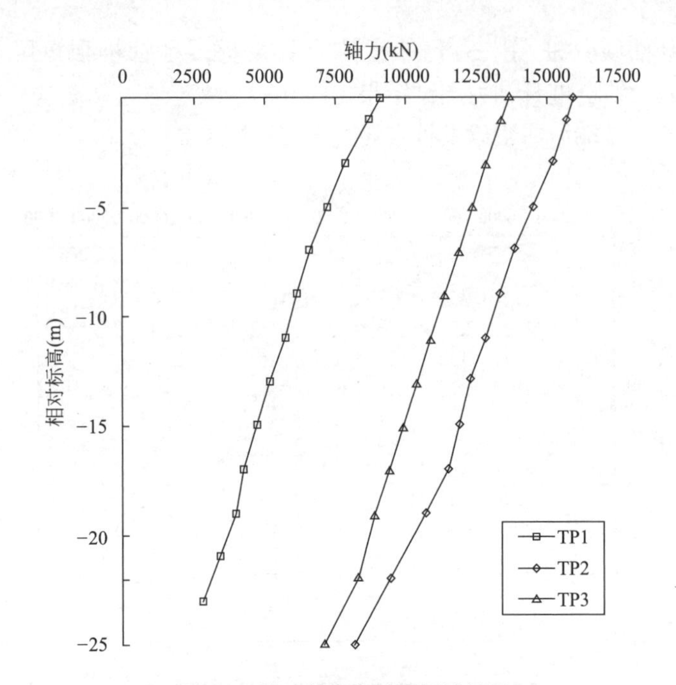

图 9.3　试验桩桩身轴力测试结果

图 9.4　TP1 桩钻芯

TP1 桩端及桩端下的岩基钻芯情况如图 9.4 所示，可见桩端夹泥，检验结论“后注浆现象不明显”可谓辞微旨远。

在设计院一再坚持之下，后期查明了实际地层分布，如图 9.5

所示，图中的“夹泥”实际是残积土，虚线表征岩层起伏，因此桩端嵌入岩层的深度需要加深，并且需要加强后注浆施工质量监督管理。

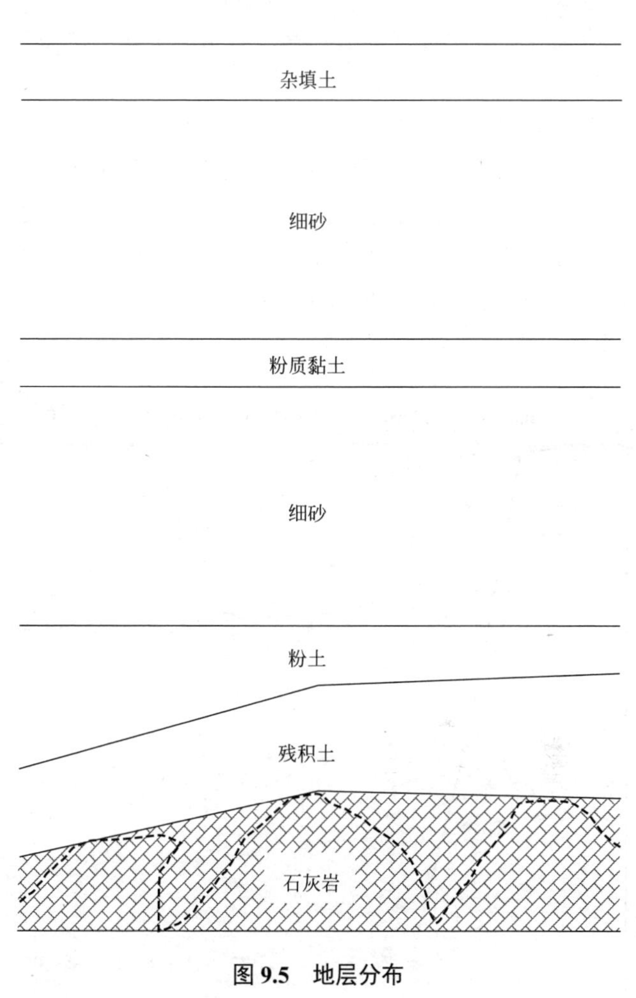

图 9.5　地层分布

【工程纪事】这一项目在试桩的检测过程就波折不断，建设单位和施工单位希望委托本地的检测单位，对此设计院有顾虑，坚持建议由北京检测单位承担检测工作。设计院的顾虑是低价竞争会影响检测质量。外埠检测单位的检测报价包含进出场费，通常没有成本优势。原本设计院希望说服建设单位，招标应本着优质优价原则，试桩结果对于桩基工程造价工期有直接影响。然而开标结果出乎所有人意料，最低报价竟然出自北京检测单位。检测单位在进场以及现场试验过程中并不顺利，期间与施工单位小摩擦不断。真实、可靠的检测数据至关重要。

事例 2：桩端嵌入片岩

某工程“嵌岩桩”试桩不合格，著者受邀前往实地进行专家会诊。由图 9.6 可知，3 根试桩承载力差异显著，SZ1 与 SZ2 呈缓曲形态，但 SZ2 各级试验荷载作用下的桩顶下沉量均大于 SZ1 且桩顶沉降超过 40mm，SZ3 的 *Q-s* 曲线形态最为异常。

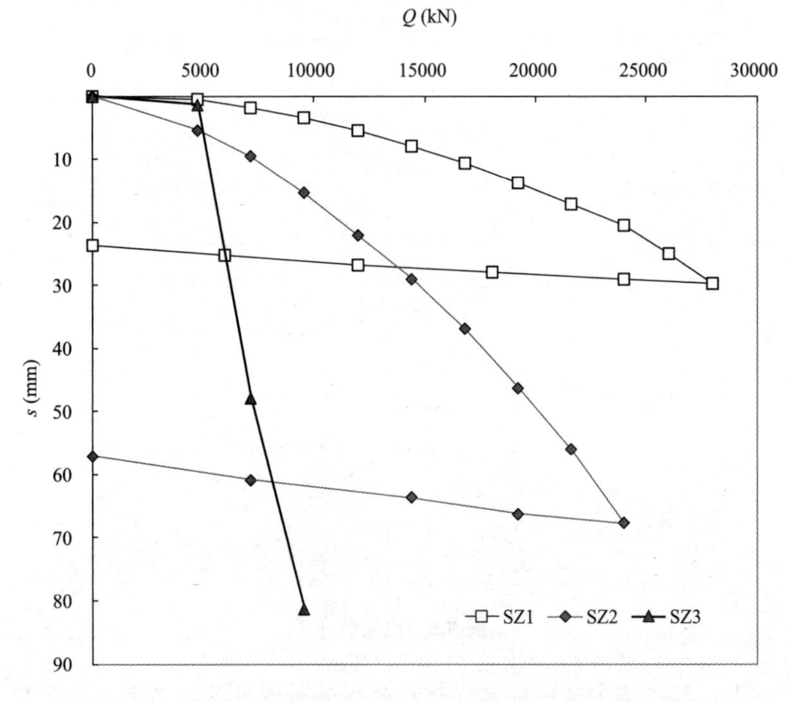

图 9.6　“嵌岩桩”试桩静载试验曲线

根据所获知的工程资料，概化的试桩场地地层分布如图 9.7 所示，桩端持力层岩性为强风化片岩。地勘报告仅提供了 f_{rk} 值，并

未提供 q_{pk} 值。设计者采用地勘报告建议的 f_{rk} 值按［桩基规范］嵌岩桩承载力计算公式估算单桩承载力。由图 9.6 验证了“入岩桩≠嵌岩桩”工程判断。

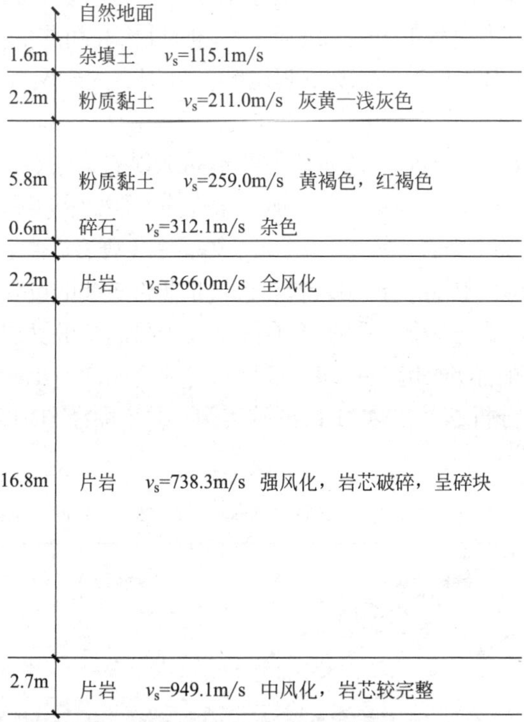

自然地面

厚度	地层
1.6m	杂填土 v_s=115.1m/s
2.2m	粉质黏土 v_s=211.0m/s 灰黄—浅灰色
5.8m	粉质黏土 v_s=259.0m/s 黄褐色，红褐色
0.6m	碎石 v_s=312.1m/s 杂色
2.2m	片岩 v_s=366.0m/s 全风化
16.8m	片岩 v_s=738.3m/s 强风化，岩芯破碎，呈碎块
2.7m	片岩 v_s=949.1m/s 中风化，岩芯较完整

图 9.7 试桩场地地层分布

【工程纪事】建设单位、施工单位、监理单位等各有各的疑虑，建设单位的规划部、工程部、成本部各有各的心事。从机场到酒店途中，当晚在酒店房间内，次日早餐期间，各方的代表都“努力”介绍情况。早餐后直到会议开始之前，还不断有人见缝插针地提供着各自的资讯。不仅所述各有侧重而且信息并不相同，犹如盲人摸象，又像在做拼图，想得到完整图景真的并不容易，劳心劳神。各方的立场和心思完全理解，诸位都怕担责，担心专家给出的原因分析对本方不利。

事例 3：审辨嵌岩执念

岩层性状对于桩基承载力影响显著，制约着桩端阻力的有效发挥。岩层性状不仅取决于物理力学性质指标，而且要注意测定指标与原状性状之间的差异，还要注意到其随时间、环境、施工而发生的变化，加之灌注桩成孔过程中出现的沉渣更会影响桩端阻力的实际发挥。

桩端嵌岩的执念，需要审辨思维，桩端嵌入岩层其承载力并非更高。

如图 9.8 所示为同一地质条件的不同工程的试桩 *Q-s* 曲线，各试桩的桩端持力层如图 9.9 所示，地质条件为厚层的密实卵石层，其下是北京第三系（砾岩 / 黏土岩）。北京第三系（砾岩 / 黏土岩）具有遇水软化的特性，因此，桩端入岩与否，是非常重要的设计考量。由图 9.8 可知，桩端嵌入第三系的 M 项目和 G 项目的试桩桩顶沉降值反而都大于北京丽泽 SOHO 的试桩。G 项目与北京丽泽 SOHO 试桩的实测侧阻力比较分析参见“第 11 讲试桩实例：北京丽泽 SOHO”。

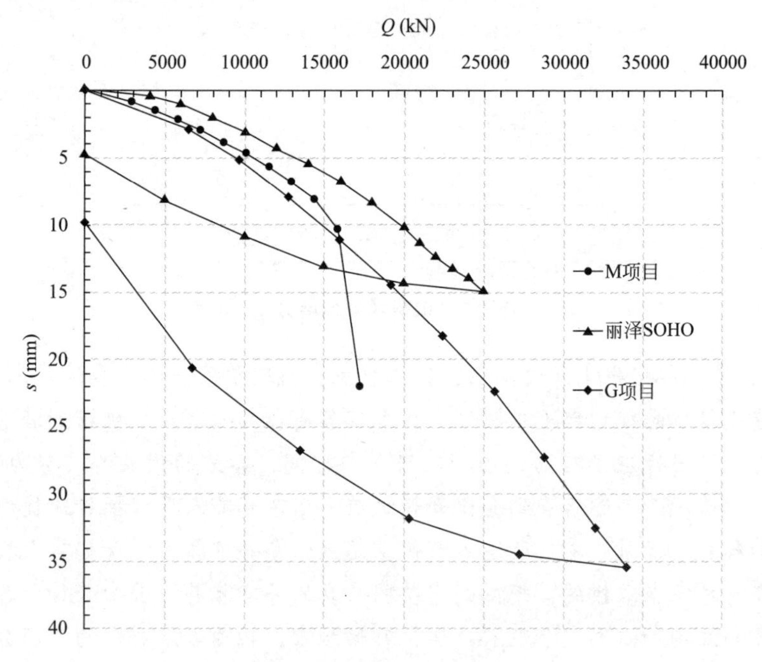

图 9.8　试桩 *Q-s* 曲线比较

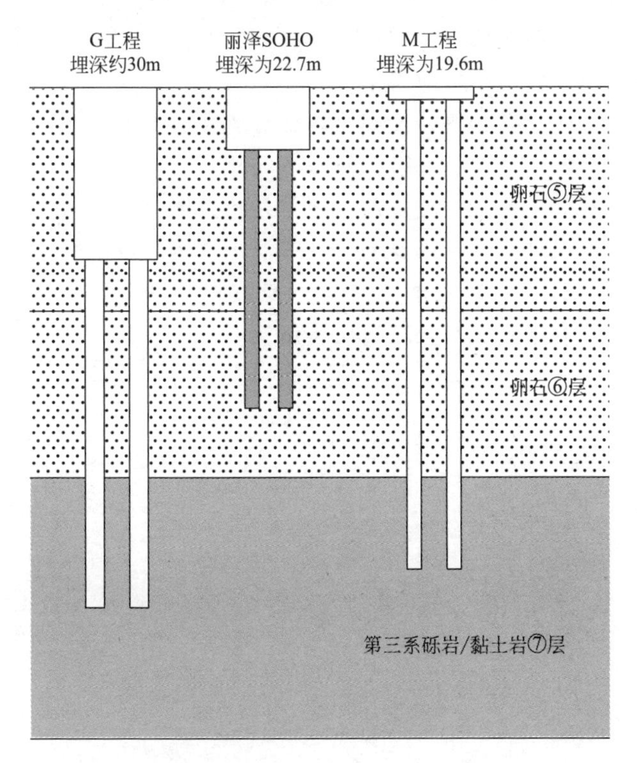

图 9.9 试桩与地层配置关系

北京丽泽 SOHO 因地制宜减短桩长以密实卵石层为桩端持力层，明智地避开了第三系的不利影响，同时节省成本。

【工程纪事】黏土岩的软与硬

著者在勘探班组劳动时，在北京西客站附近遇到过黏土岩，砖红色，硬度也似砖，想要从取土器中取出来非常费劲，可算是在现场领教过黏土岩的“硬”。后来跟着马兰副总工程师去西客站验槽，再一次见识了黏土岩的“硬”。

刚刚入行的时候，师父问“见过黏土岩吗？有什么感觉？”

答“见过，很硬”。

师父嘱咐道“下次再遇到，带块岩样回来”。

不久，真的带回黏土岩的岩芯，打算交给师父，师父没接，而是说道“拿脸盆接盆水回来”。

见我端着脸盆回来，“把岩块放盆里，明一早再看”，说完，师父背着手出了门，下班回家了。

晚上，我忙着加班，没顾上观察岩块浸水变化，十点来钟要离开办公室的时候，瞧了一眼，没啥变化呀。

结果第二天早上，发现原本硬邦邦的岩块竟然一夜之间变为一摊烂泥，我很好奇，伸手指戳了一下，几乎是一触即溃，完全没了任何强度，这下真的见识了“软”，让我对“黏土岩怕水”遇水软化的特性，有了直观而且深刻的认知。

第10讲 试桩实例：鄂尔多斯软岩地质

【按】为正确掌握钻孔灌注桩长桩承载特性，按设计要求进行了现场试桩，包括试验性成桩以验证旋挖钻机成孔工艺，确定单桩竖向抗压极限承载力，测试桩侧抗压侧阻力、桩端阻力以及相应桩身变形，为确定不同桩长的单桩承载力提供依据。通过对普通灌注桩与后压浆灌注桩的测试对比，检验“桩端、桩侧后压浆技术”在本工程场地的适用性。根据试验桩内力测试数据，平均桩侧阻力极限值不低于400kPa，较当地经验值大幅提高，为桩基设计提供了可靠依据。

10.1 工程概况

鄂尔多斯国泰商务广场[1]工程场地位于鄂尔多斯市伊金霍洛旗阿勒腾席热镇东侧，乌兰木伦河南岸。项目由6座高层主塔楼（编号分别为T1 ~ T6）和与之相连的3座裙房组成，总建筑面积约为70万 m^2（地下18万 m^2+ 地上52万 m^2）。建筑实景见图10.1，总平面图见图10.2，其中T1、T6塔楼地上32层，地下3层，室外地面以上高度约为140m。T2、T5塔楼地上41层，地下3层，室外地面以上高度约为182m。T3、T4塔楼地上57层，地下3层，室外地面以上高度约为238.4m。6座高层主塔楼采用桩基，裙楼（地上3层）采用天然地基，建筑桩基设计等级为甲级。

鉴于本工程为超高层建筑物，桩基承受抗压荷载极大，在本地区尚缺少相似工程的施工经验及设计参考。根据设计要求，本工程需要进行试桩的静载试验取得在该地区基桩的施工工艺参数、承载能力及特性等基本资料，为工程桩的设计与施工提供依据。

图 10.1 建筑实景

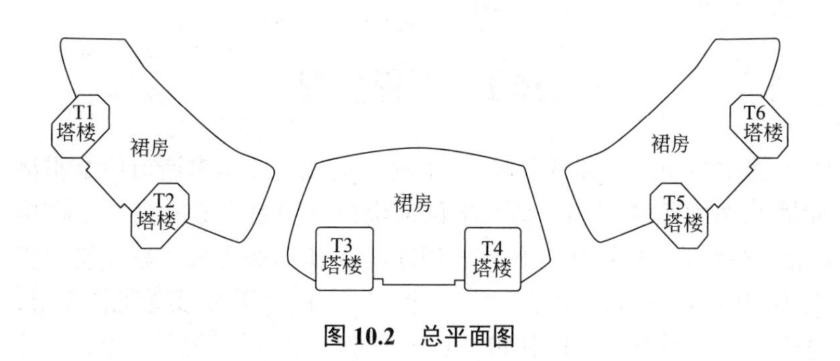

图 10.2 总平面图

10.2 试桩目的

10.2.1 试验桩施工

确定和检验桩基成孔施工设备、流程和工艺，包括钻机设备选择、成孔工艺、桩位的控制、桩身垂直度的控制、护壁泥浆的浓度、钢筋笼的放置、混凝土的浇筑、后压浆参数等，并为工程桩成孔的施工流程和工艺参数提供依据。

10.2.2　单桩竖向抗压静载试验

确定单桩竖向抗压极限承载力，测试桩侧抗压侧阻力、桩端阻力以及相应桩身变形，为确定不同桩长的单桩承载力提供依据。通过对普通桩与后压浆桩的对比，检验“桩端、桩侧后压浆技术”在本工程场地的适用性，分析其对提高单桩承载力和改善桩基沉降变形的实际作用。

10.3　地质条件

10.3.1　地层分布

拟建场地位于鄂尔多斯市伊金霍洛旗阿勒腾席热镇东侧，乌兰木伦河以南。场地地形起伏较大，施工条件一般。勘察显示，在钻探深度内所揭露的地层，除场地西侧表层有部分回填土外，其他地方表层主要由第四系风积成因的砂土构成，中部主要由第三系（N）泥质砂岩及泥岩构成，下部主要由白垩系（K）中砂岩及砂砾岩构成，根据时代、成因及岩性的不同分为4层。

10.3.2　地下水位

勘察期间拟建场地地下水埋藏于现地表下3.0 ~ 9.0m之间，地下水类型属基岩裂隙水，受补给来源及基岩裂隙发育程度影响，水位变化幅度较大。

依据邻近场地资料，拟建场地内地下水对混凝土结构、混凝土结构中的钢筋及钢结构均无腐蚀性。

10.4　试桩设计

10.4.1　试桩参数

试桩分为三组，试桩桩径均为1.0m，第一组试桩的有效桩长

42.0m，第二组试桩的有效桩长为 35.0m，第三组试桩的有效桩长为 25.0m，具体试桩设计参数见表 10.1。

试桩设计参数汇总　　　　表 10.1

<table>
<tr><th>桩型</th><th>第一组试桩</th><th colspan="2">第二组试桩</th><th colspan="2">第三组试桩</th></tr>
<tr><td>桩径（mm）</td><td>1000</td><td colspan="2">1000</td><td colspan="2">1000</td></tr>
<tr><td>有效桩长（m）</td><td>42.0</td><td colspan="2">35.0</td><td colspan="2">25.0</td></tr>
<tr><td>混凝土强度等级</td><td>C50</td><td colspan="2">C50</td><td colspan="2">C50</td></tr>
<tr><td>是否后压浆</td><td>否</td><td>是</td><td>否</td><td>是</td><td>否</td></tr>
<tr><td>主筋规格</td><td>28Φ32，14Φ32（底部 $L/3$）</td><td>28Φ32，14Φ32（底部 $L/3$）</td><td>20Φ32，10Φ32（底部 $L/3$）</td><td>20Φ32，10Φ32（底部 $L/3$）</td><td>20Φ32，10Φ32（底部 $L/3$）</td></tr>
<tr><td>试桩数量（根）</td><td>2</td><td>2</td><td>3</td><td>2</td><td>2</td></tr>
<tr><td>试桩编号</td><td>TP1，TP2</td><td>TP3，TP4</td><td>TP5，TP6，TP11</td><td>TP7，TP8</td><td>TP9，TP10</td></tr>
<tr><td>桩身应变测试</td><td>TP2</td><td>TP3，TP4</td><td>TP5，TP6，TP11</td><td>TP7，TP8</td><td>TP9，TP10</td></tr>
<tr><td>设计桩顶标高(m)</td><td colspan="5">绝对标高 1290.00 以下，桩顶位于③层强风化泥质粉砂岩</td></tr>
<tr><td>试验标高（m）</td><td colspan="5">绝对标高 1296.60，桩顶位于②层全风化泥质粉砂岩</td></tr>
<tr><td>桩端持力层</td><td colspan="5">③层强风化泥质粉砂岩</td></tr>
<tr><td>其他测试</td><td colspan="5">试桩均进行桩身及桩端变形测试，试桩及锚桩试验前均采用声波透射法检测桩身质量完整性</td></tr>
<tr><td>说明</td><td colspan="5">桩身主筋保护层厚度为 50mm；桩身主筋的连接采用直螺纹机械连接，并应错开接头位置，截面的接头数量应不大于钢筋面积的 50%</td></tr>
</table>

10.4.2 试桩布置

试桩 TP1 ~ TP11 及锚桩布置如图 10.3 所示。桩型及预估静载试验最大加载量见表 10.2。

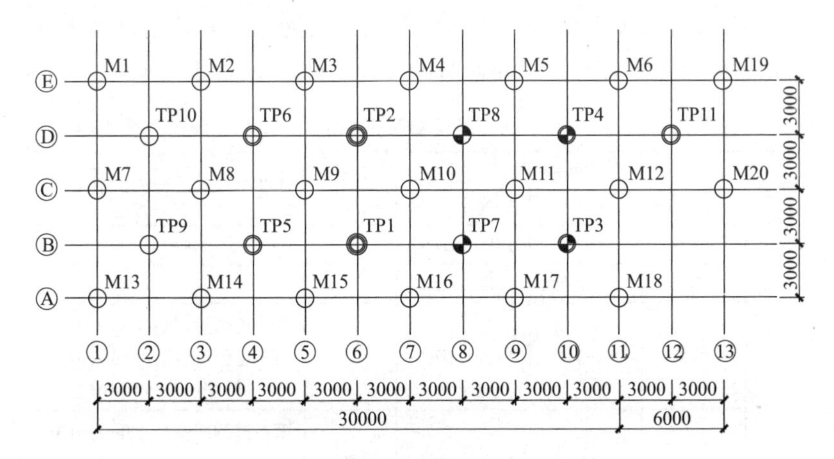

图 10.3 试验桩及锚桩平面布置

桩型及预估静载试验最大加载量　　　　表 10.2

桩类型	桩长（m）	桩径（mm）	桩数	表示符号	桩身混凝土强度等级	编号	桩顶标高（m）	主筋	后压浆	预估试验最大加载量（kN）	内力测试桩
第一组试桩	42	1000	2	◎	C50	TP1，TP2	1296.600	28Φ32，14Φ32（底部 L/3）	不压浆	35000	TP2
第二组试桩	35	1000	2	◕	C50	TP3，TP4	1296.600	28Φ32，14Φ32（底部 L/3）	压浆	35000	TP3，TP4
	35	1000	3	◯	C50	TP5，TP6，TP11	1296.600	20Φ32，10Φ32（底部 L/3）	不压浆	25000 ~ 30000	TP5，TP6，TP11
第三组试桩	25	1000	2	◕	C50	TP7，TP8	1296.600	20Φ32，10Φ32（底部 L/3）	压浆	25000 ~ 30000	TP7，TP8
	25	1000	2	○	C50	TP9，TP10	1296.600	16Φ32，8Φ32（底部 L/3）	不压浆	18000 ~ 25000	TP9，TP10
锚桩	30	1000	20	○M	C50	M1 ~ M20	1296.600	30Φ32，20Φ32 10Φ32	不压浆	—	—

10.5 试桩施工

本次试验桩及锚桩施工单位为河北建设勘察研究院有限公司。采用 FR622 型旋挖钻机干成孔，下放钢筋笼后导管法灌注混凝土成桩。根据施工记录，汇总试桩施工参数列入表 10.3。

试桩施工参数汇总表 表 10.3

桩号	设计桩径（mm）	设计桩长（m）	充盈系数	成桩日期	是否后压浆	压浆量(m^3)/注浆压力(MPa)
TP1	1000	42	1.03	07.13	—	—
TP2	1000	42	1.03	07.12	—	—
TP3	1000	35	1.04	07.15	是	第一道侧压浆(−12m)：0.7/4 第二道侧压浆(−24m)：0.7/7 桩端压浆：1.0/10
TP4	1000	35	1.06	07.15	是	第一道侧压浆(−12m)：0.3/3 第二道侧压浆(−24m)：0.5/6 桩端压浆：1.1/10
TP5	1000	35	1.02	07.11	—	—
TP6	1000	35	1.03	07.10	—	—
TP7	1000	25	1.04	07.14	是	侧压浆（−13m）：1.2/5 桩端压浆：0.8/15
TP8	1000	25	1.07	07.14	是	侧压浆（−13m）：0.5/3 桩端压浆：1.0/10
TP9	1000	25	1.02	07.09	—	—
TP10	1000	25	1.07	07.08	—	—
TP11	1000	35	1.06	07.17	—	—

注：注浆材料为水泥浆液，水灰比为 0.60，水泥为 P·O32.5。

10.6 测试方法

本次试验桩测试单位为中冶集团建筑研究总院建筑工程检测中心。单桩竖向抗压静载试验采用单循环慢速维持荷载法，声波透射法桩身完整性检测方法，其具体试验方法见［桩检测规］。桩身内力测试方法见［桩检测规］附录 A，桩身应力计布置见图 10.4。单桩竖向抗压静载试验加载采用锚桩反力法（图 10.5）。

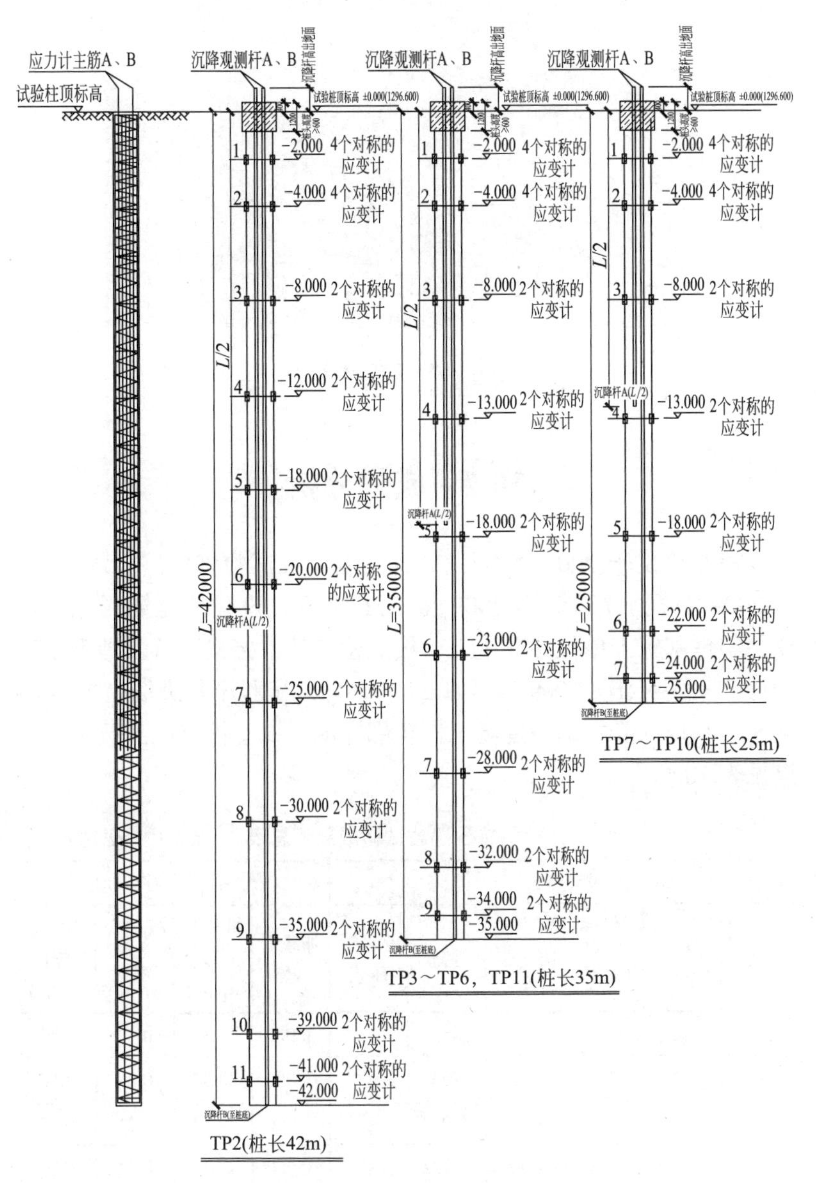

图 10.4　桩身应力计布置

图 10.5 加载装置

10.7 成果分析

检测单位于 2009 年 6 月 20 日编制完成试验桩检测技术方案，从 2009 年 7 月 7 日起至 2009 年 7 月 18 日，进驻拟建场区施工现场，与桩基施工单位穿插施工，按照检测技术方案进行预埋钢筋应变计的安装工作。2009 年 7 月 27 日，静载试验设备进场，至 2009 年 8 月 9 日，静载试验现场工作全部完成。试验桩抗压静载试验成果见表 10.4。

试验桩抗压静载试验成果汇总表　　表 10.4

设计参数						最大加载及对应变形			
桩号	桩长（m）	桩径（mm）	桩身混凝土强度等级	主筋	是否后压浆	加载值（kN）	桩顶变形（mm）	桩端变形（mm）	$L/2$ 处变形（mm）
TP1	42	1000	C50	28Φ32	—	36000	15.36	0.37	1.51
TP2	42	1000	C50	28Φ32	—	35000	11.23	0.25	1.56
TP3	35	1000	C50	28Φ32	是	35000	11.52	0.21	0.95
TP4	35	1000	C50	28Φ32	是	35000	12.18	0.24	0.71

续表

设计参数						最大加载及对应变形			
桩号	桩长（m）	桩径（mm）	桩身混凝土强度等级	主筋	是否后压浆	加载值（kN）	桩顶变形（mm）	桩端变形（mm）	*L*/2处变形（mm）
TP5	35	1000	C50	20Φ32	—	35000	13.86	0.22	1.41
TP6	35	1000	C50	20Φ32	—	35000	13.65	0.06	0.29
TP11	35	1000	C50	20Φ32	—	35000	16.23	0.80	1.67
TP7	25	1000	C50	20Φ32	是	35000	11.53	0.68	1.34
TP8	25	1000	C50	20Φ32	是	35000	14.23	0.32	1.92
TP9	25	1000	C50	20Φ32	—	31500	10.92	0.30	3.72
TP10	25	1000	C50	20Φ32	—	30000	13.47	0.32	2.47

试桩在最大加载时均未达到破坏状态，单桩抗压极限承载力取试验最大加载值。根据试验结果，42m 试桩单桩抗压极限承载力不低于 35500kN，35m 试桩单桩抗压极限承载力不低于 35000kN，25m 试桩单桩抗压极限承载力不低于 32880kN。

图 10.6 ~ 图 10.8 分别为桩长 25m、35m、42m 的试桩静载试验曲线，桩长 42m、35m 的试桩桩身轴力随深度分布见图 10.9 和图 10.10，数据分析如下：

（1）42m 试桩在最大试验加载时，桩身轴力从桩顶至桩顶下 35m 处递减至零。35m 以下桩侧阻力和桩端阻力尚未发挥作用。

（2）35m 试桩在最大试验加载时，桩身轴力从桩顶至桩顶下 32m 处递减至零。32m 以下桩侧阻力和桩端阻力尚未发挥作用。

（3）25m 试桩在最大试验加载时，桩身轴力从桩顶至桩端递减，桩端荷载约占总荷载值的 2%。

（4）通过测量埋设于桩身内部的沉降杆，并结合内力测试结果分析，桩端基本未发生沉降变形。

（5）根据试验桩的内力测试数据，平均桩侧阻力极限值不低于 400kPa。

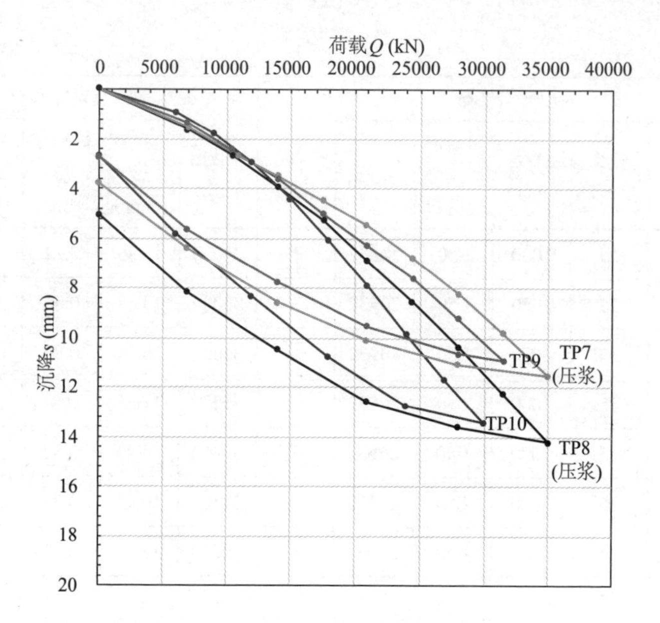

图 10.6 试桩 *Q-s* 曲线（有效桩长 25m）

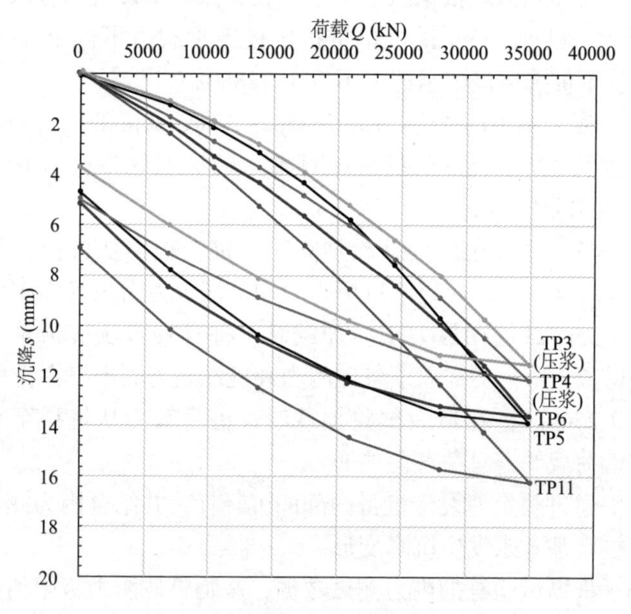

图 10.7 试桩 *Q-s* 曲线（有效桩长 35m）

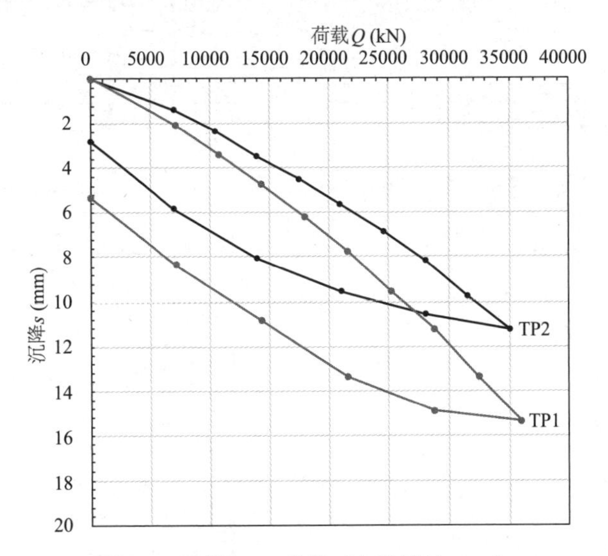

图 10.8 试桩 Q-s 曲线（有效桩长 42m）

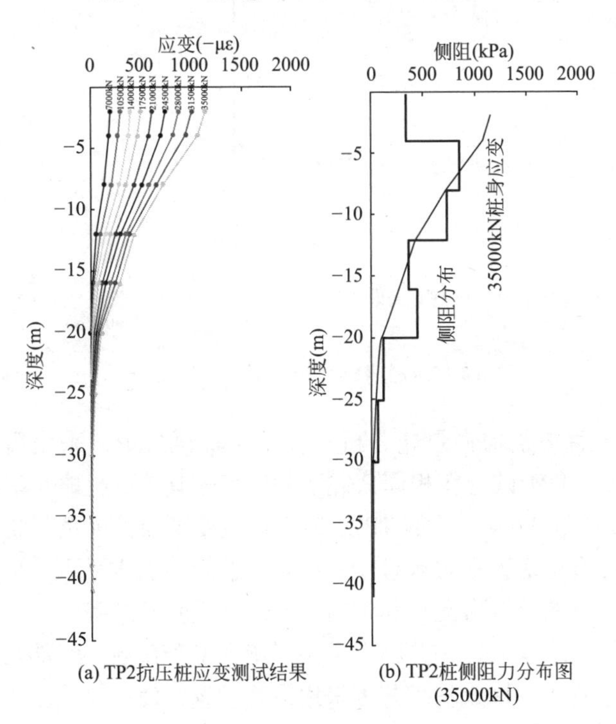

(a) TP2抗压桩应变测试结果

(b) TP2桩侧阻力分布图 (35000kN)

图 10.9 桩身轴力分布图（桩长 42m）

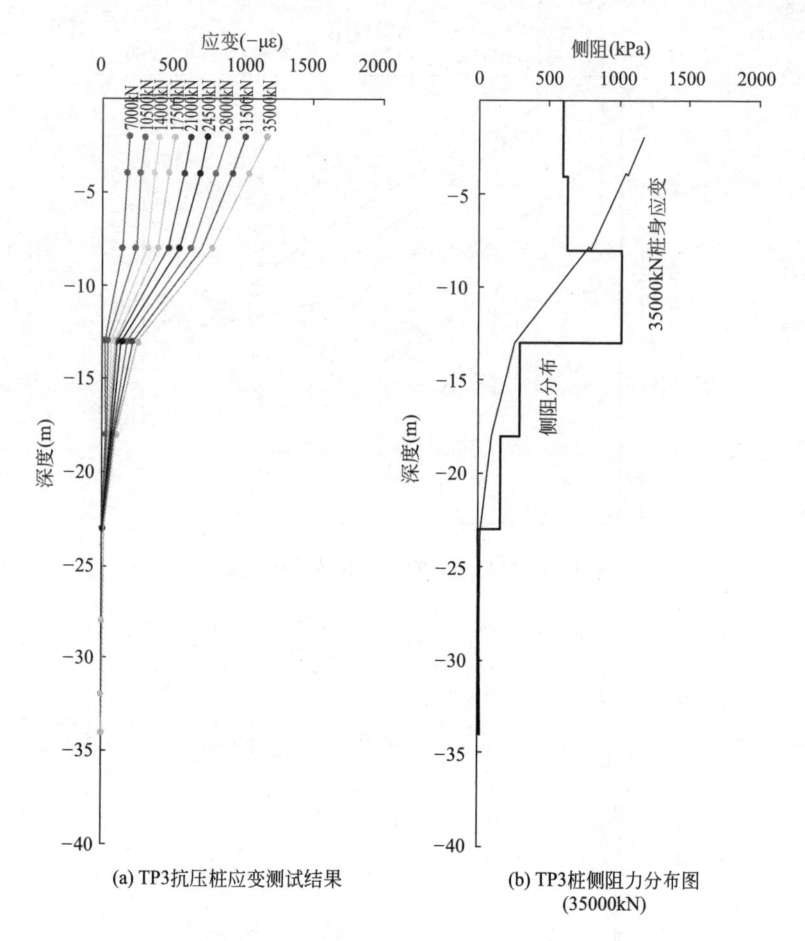

(a) TP3抗压桩应变测试结果

(b) TP3桩侧阻力分布图 (35000kN)

图 10.10　桩身轴力分布图（桩长 35m）

关于后注浆增强效应分析，桩长 35m 试桩中，采用后压浆工艺的 TP3、TP4 试桩在相同荷载下的变形较其他试桩略小。25m 试桩中，采用后压浆工艺的 TP7、TP8 试桩变形与另外两根桩无明显差异。综合考虑，在现有桩型、施工工艺及荷载水平下，后压浆工艺对试验桩的承载力提高和控制变形未显现明显作用。

试桩结果表明，桩侧阻力承担了绝大部分荷载，可能与干作业成桩工艺有关，该成桩工艺不采用泥浆护壁，使桩身混凝土与岩层土体结合较好，从而保证了较高的承载能力。因此，工程桩的施工应当采取与之一致的施工工艺和质量控制标准。

参考文献

［1］黄国辉，王志刚，杨雷，等. 鄂尔多斯国泰商务广场超限高层结构设计与分析［J］. 建筑结构，2011，41（9）：69-74.

第 11 讲　试桩实例：北京丽泽 SOHO

执念“桩必嵌岩”，常常适得其反，桩端“嵌岩”未必承载力就有保证。北京丽泽 SOHO 因地制宜减短桩长而桩端避开软岩，通过灌注桩后注浆充分发挥卵石层的侧阻力，以短胜长，相同地质条件的实测桩侧阻力的比较，数据宝贵，具工程借鉴意义。

11.1　地层分布

拟建场地地面标高为 43.53 ~ 44.61m，最大勘探深度 70m 范围内的地层划分为人工堆积层、新近沉积层、第四纪沉积层及古近纪沉积岩层四大类，并按地层岩性及其物理力学数据指标，进一步划分为 8 个大层及亚层，地层分布如图 11.1 所示，具体各地层岩性及分布特征如下：

（1）人工堆积层：房渣土①层，粉质黏土素填土、黏质粉土素填土$①_1$层。

（2）新近沉积层：砂质粉土、黏质粉土②层，粉砂、细砂$②_1$层，粉质黏土、重粉质黏土$②_2$层；卵石、圆砾③层，细砂$③_1$层。

（3）第四纪沉积层：卵石④层，细砂、中砂$④_1$层；卵石⑤层，细砂$⑤_1$层；卵石⑥层，细砂$⑥_1$层。

（4）古近纪沉积岩层：全风化 ~ 强风化黏土岩⑦层，全风化 ~ 强风化砾岩$⑦_1$层，全风化 ~ 强风化砂岩$⑦_2$层；中风化黏土岩⑧层，中风化砾岩$⑧_1$层，中风化砂岩$⑧_2$层。

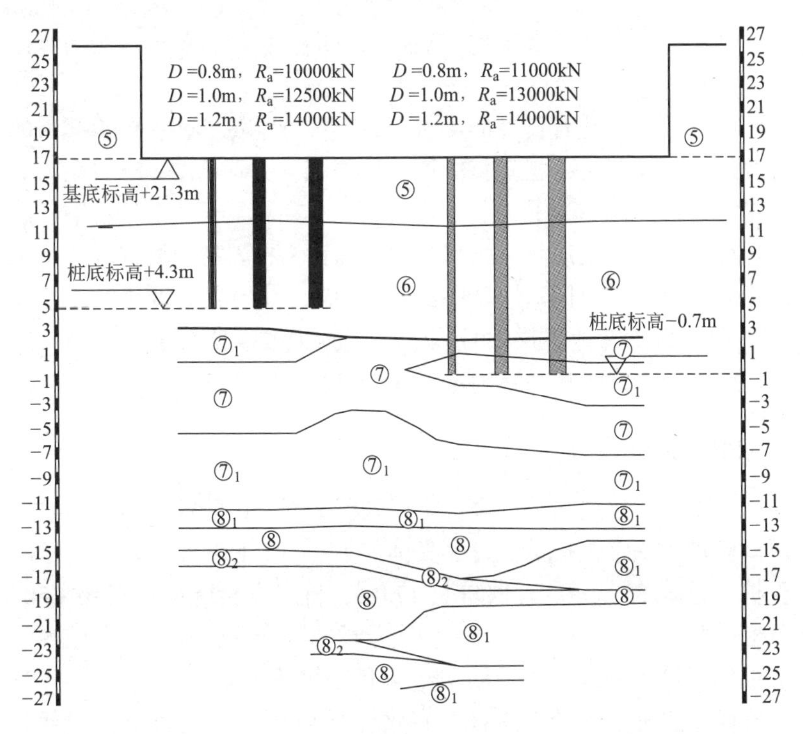

图 11.1　地层与桩长配置示意

11.2　试桩方案

11.2.1　桩基分析

勘察报告将古近纪沉积岩层作为备选桩端持力层。但需注意到，该岩层干燥时，承载力高，耐压力强，但胶结差～中等，成岩性差，岩样吸水饱和后快速膨胀以致崩解。尤其是⑧层中风化黏土岩具有吸水快速膨胀、浸水软化特征明显的特点，表现在野外钻孔中取得的岩样吸水饱和后快速膨胀以致崩解，因此，卸荷和干湿变化会导致黏土岩发生膨胀变形，会使暴露的黏土岩的结构发生显著变化，强度快速降低，甚至发生岩体破坏。故桩基施工采用泥浆护壁施工工艺时，如采用该层作为桩端持力层，单桩承载力难以保证。

同时，为对比各桩型的承载能力，进行了各桩型单桩承载力的计算结果对比分析，桩端持力层与地层配置关系见图 11.1，图中 D 为桩径，R_a 为单桩承载力特征值。可见，在相同桩径的情况下，以⑥层卵石和⑦层全风化～强风化黏土岩作为桩端持力层，其单桩承载力特征值 R_a 的计算值几乎接近。同时，⑥层卵石桩端后注浆提高系数均高于其他土层，且以⑥层卵石为桩端持力层时，桩长度小，施工效率高，故最终确定以⑥层卵石为桩端持力层。

11.2.2 试桩设计

根据桩型比选结果，进行了试验桩工程，试验桩方案为一组抗压试验桩和一组抗拔试验桩，具体如下：（1）TP1 ～ TP3 为抗压试验桩，桩径 850mm，有效桩长 17.0m，桩身混凝土强度等级 C50，单桩试验荷载 25000kN，采用桩底及桩侧联合后注浆工艺，桩侧注浆管位于设计桩顶以下 10m 处，采用锚桩法加载；（2）SP1 ～ SP3 为抗拔试验桩，桩径 600mm，有效桩长 12.0m，桩身混凝土强度等级 C35，单桩试验荷载 3000kN，采用桩侧后注浆工艺，注浆管位于桩端处，借用锚桩为支墩桩进行加载；（3）8 根锚桩 M1 ～ M8，桩径 850mm，设计桩长 17.0m，桩身混凝土强度等级 C50，采用桩侧后注浆工艺，注浆管分别位于设计桩顶以下 10m 和 16m 处。试验桩平面布置如图 11.2 所示。

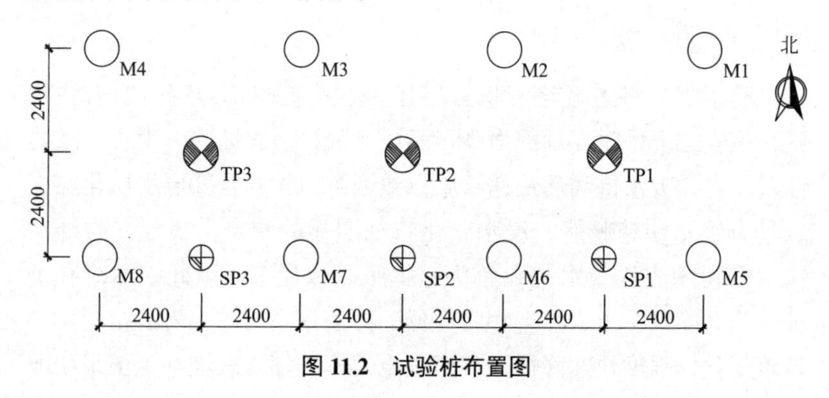

图 11.2 试验桩布置图

其中，对抗压试验桩 TP1 和抗拔试验桩 SP1 进行了桩身轴力监测，对抗压试验桩 TP1，从其设计桩顶以下每隔 2m 设置一组应变计，共 8 组；对抗拔试验桩 SP1，从其设计桩顶以下 1m 处开始每隔 2m 设置一组应变计，共 6 组。

11.3 试桩分析

11.3.1 试验曲线分析

抗压试验桩、锚桩均采用低应变检测法和声波透射法进行桩身完整性检测，低应变法检测结果如下：波速 3608 ~ 4084m/s，桩身完整，为I类桩。声波透射法检测结果如下：波速 4135 ~ 4490m/s，为I类桩。

抗压试验桩桩顶荷载－累计沉降（*Q–s*）曲线见图 11.3，加载至 25000kN，桩顶累计沉降 11.47 ~ 14.90mm，回弹率 62.5% ~ 86.0%，单桩抗压承载能力完全达到并超过预期，且回弹率较高，仍有潜力可发挥，单桩竖向抗压承载力不小于 25000kN。

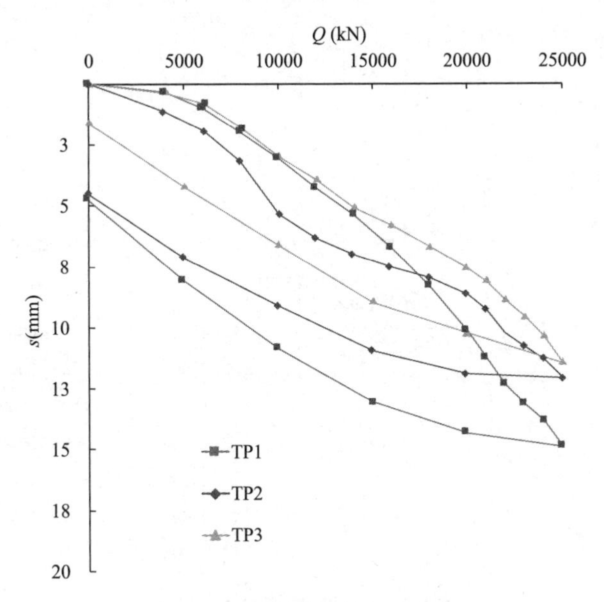

图 11.3 抗压试验桩 *Q-s* 曲线

11.3.2 桩身轴力分析

抗压试验桩 TP1 桩身轴力监测结果见图 11.4。结果表明，桩端阻力与加载值的比值从 6.4% 增加至 19.0%，随着加载值的增大，桩端承担的端阻力及其比重越来越大。加载至 25000kN 最大加载值时的桩侧摩阻力随深度的发挥值见图 11.5。可见，后注浆对桩侧摩阻力提高较多，但埋深 6m 以内后注浆对桩侧摩阻力的影响较小，此时桩端阻力为 6299kPa，为勘察报告提供的桩极限端阻力标准值 2400kPa 的 2.62 倍，为［北京地规］给出的端阻力增强系数参考值（2.6 ~ 3.6）的下限。

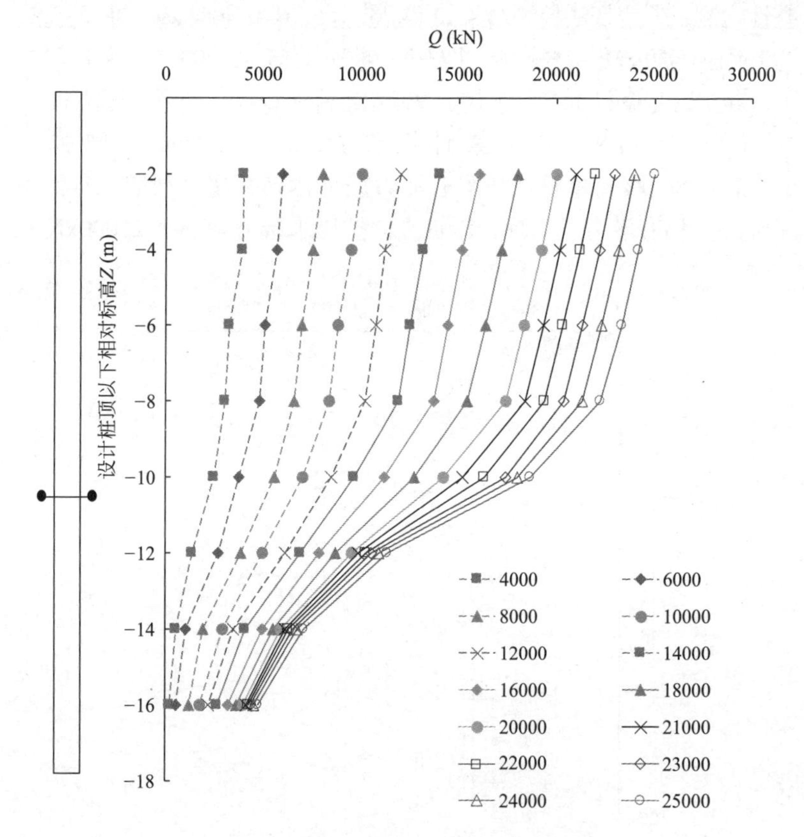

图 11.4 抗压试验桩 TP1 桩身轴力图

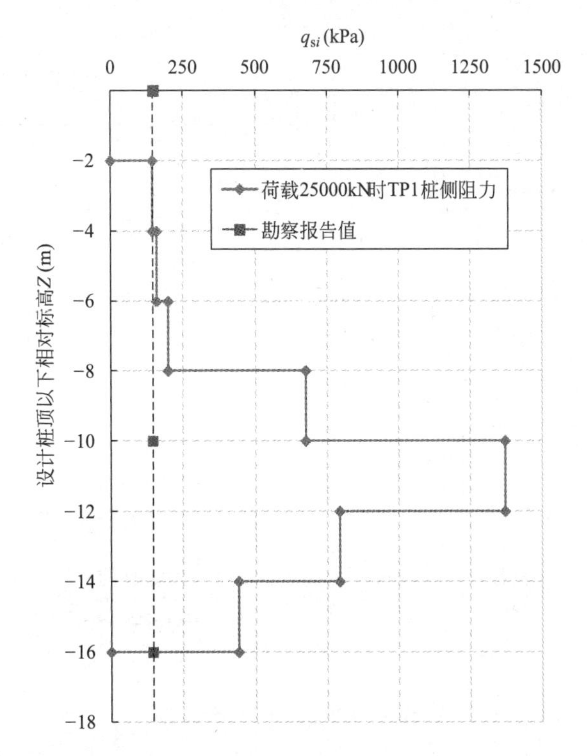

图 11.5 抗压试验桩 TP1 加载至 25000kN 时桩侧摩阻力

邻近场地内的另一超高层建筑（G 工程）采用桩筏基础，其基础埋深约 30m，其主塔楼抗压桩：桩径为 1m，有效桩长 34.0m，以第三系为桩端持力层。选择 G 工程和丽泽 SOHO 相同深度的试桩桩侧阻力比对，如图 11.6 所示，丽泽 SOHO 试桩桩侧阻力约为同深度 G 工程试桩桩侧阻力的 2 倍。

分析图 11.6 深度 10 ~ 34m 范围内桩侧阻力，此段桩身正好进入第三纪黏土岩层，桩侧阻力骤减且桩侧阻力值都小于第四纪卵石层的桩侧阻力值，第三纪黏土岩的性状易受到成桩施工扰动影响，故桩长虽然加长，但是单桩承载力并没有得到有效的提高，而且还影响到卵石层侧阻力的发挥，表现为桩端与桩侧互制的承载性状，所涉及的 G 工程桩长与地层配置关系见图 11.7，试桩 *Q-s* 曲线对比分析见“第 9 讲试桩比较：嵌岩与入岩”。

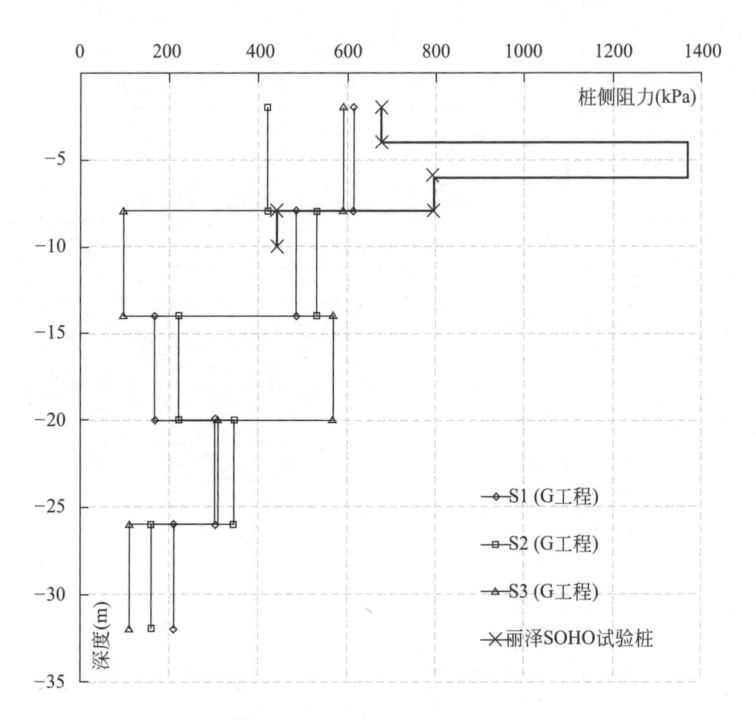

图 11.6 桩侧阻力实测值比对

图 11.7 桩长与地层配置关系

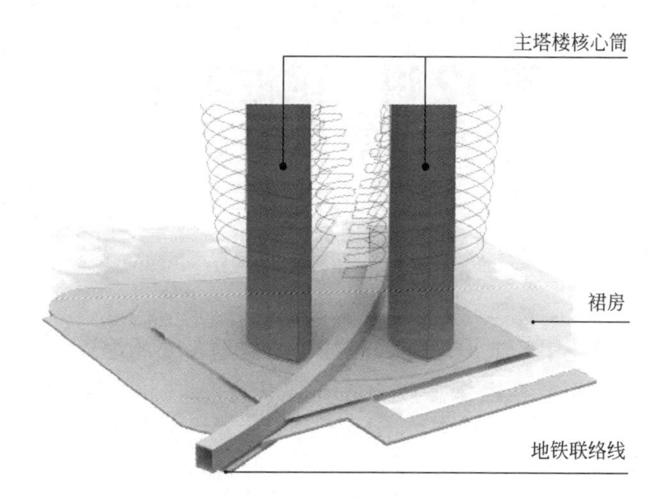

图 11.8 主塔楼核心筒与地铁联络线关系示意

本工程塔楼建筑高度约200m，双塔荷载集中，中庭通高，荷载集度差异显著，地铁联络线穿过地下室（图11.8），考虑到地铁联络线的严格沉降控制要求，最终确定主塔楼采用桩筏设计方案，其桩筏协同设计、沉降变形计算分析、基桩检验、基础沉降实测，请参见《地基基础设计实例精选》。

第12讲 试桩实例：武汉绿地中心

12.1 地质条件

武汉绿地中心大厦地处武昌区的滨江地带，场地属长江Ⅰ级阶地，地势平坦。在勘探深度90m范围内除杂填土外为第四纪全新世冲积黏性土、砂土和含砾中细砂，下伏基岩为志留系中统坟头组砂岩、泥岩。

主塔楼区域基岩以砂岩为主，局部区域为泥岩。微风化砂岩层面埋深为44.0～65.6m，裂隙发育较少，为完整岩，采芯率90%～96%，钙质胶结，单轴饱和抗压强度试验标准值为50MPa，属较硬岩。微风化泥岩层面埋深为53.0～67.5m，裂隙较发育，为较完整岩，采芯率80%～90%，泥质胶结，岩石单轴抗压强度为13MPa，属软岩。

12.2 试桩方案

现场地层情况复杂，岩层面起伏较大，且砂岩（较硬岩）与泥岩（软岩）同时存在，根据岩层的分布情况，选择两个典型的岩层分布区域进行单桩静载试验，以研究不同岩性对嵌岩桩承载变形性能的影响。

共开展了4组单桩静载试验[2]，试桩概况如图12.1、图12.2所示。试桩采用桩径为1.2m的嵌岩灌注桩，其中试桩SZA1、SZA2以微风化砂岩为持力层，有效桩长分别为25.9m、27.9m；试桩SZB1、SZB2以中～微风化泥岩为持力层，有效桩长分别为33.6m和30.8m。从中风化岩层顶面算起，4根试桩的嵌岩长度为7.9～11m（表12.1）。为了满足高承载力的加载要求，试桩桩身混凝土强度等级为C50，并采用桩侧桩端联合注浆控制桩底沉渣与桩身泥皮。

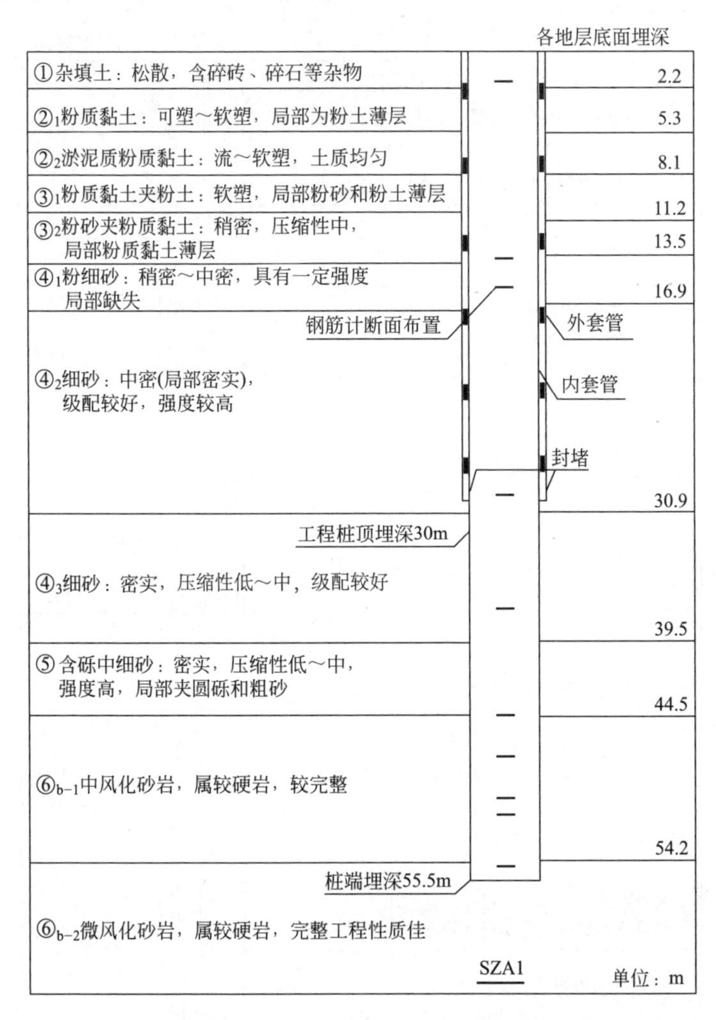

图 12.1　试桩 SZA1 与地层配置关系

工程桩桩顶（基底开挖面处）、土岩分界面及桩端 3 个断面处分别布置沉降管和沉降杆量测各级荷载作用下的沉降量，其中，沉降管底端位于测试断面位置，并采取封底措施，固定在钢筋笼上分节下放。沉降杆采用钢杆，放置于沉降管内，下端位于测试断面，顶端高出桩顶，并随加载与桩顶位移同步进行量测。同时沿桩身设置振弦式传感器以量测桩身轴力。

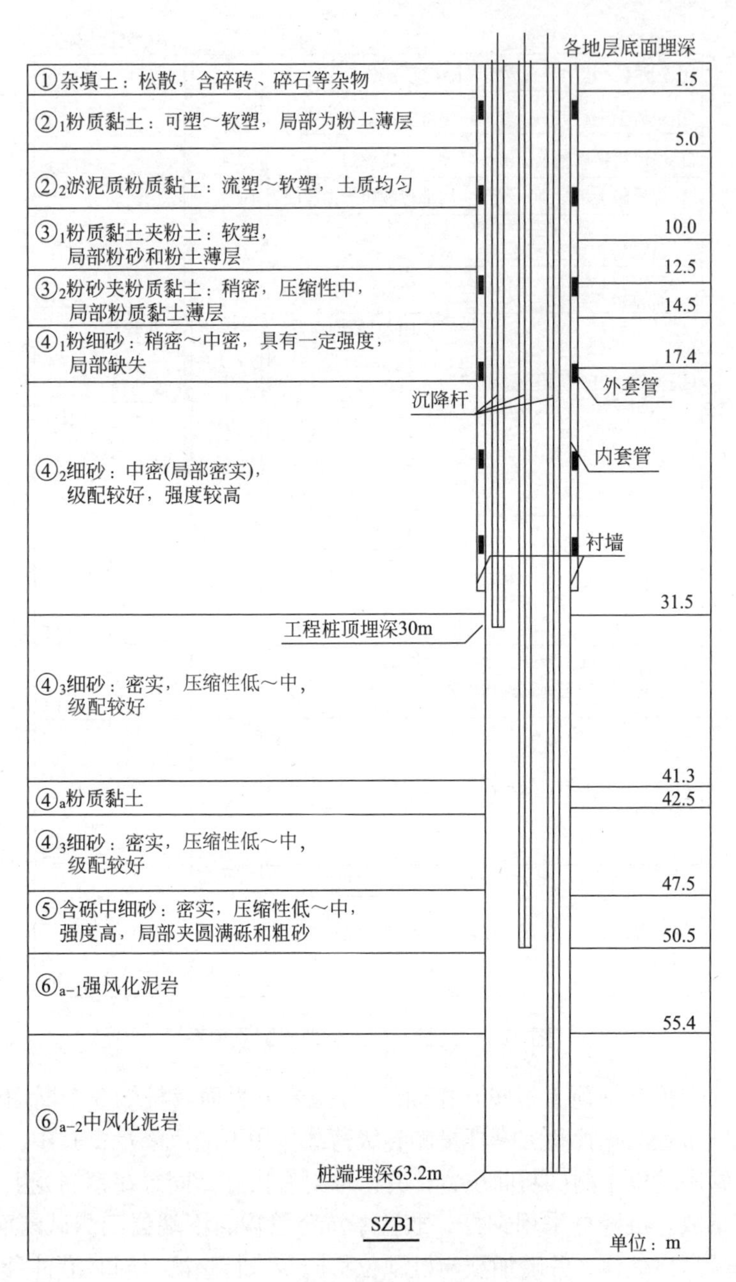

图 12.2 试桩 SZB1 与地层配置关系

试桩参数汇总 表 12.1

试桩编号	SZA1	SZA2	SZB1	SZB2
桩径（m）	1.2	1.2	1.2	1.2
桩长（m）	55.9	57.9	63.6	60.8
有效桩长（m）	25.9	27.9	33.6	30.8
嵌岩长度（m）	11.0	11.0	7.9	10.0
桩端持力层	砂岩 微风化	砂岩 微风化	泥岩 中～微风化	泥岩 中～微风化

试桩采用双层钢套管隔离 30m 基坑开挖段桩身与土体的接触，以直接测试有效桩长范围内的桩基承载力。双层钢套管设置如图 12.1、图 12.2 所示。静载试验前，对每根试桩进行成孔质量检测，并采用低应变和超声波进行桩身质量检测，结果表明成孔指标满足要求，桩身完整无缺陷。试验采用锚桩反力法，分级加载，最大加载值 45000kN。

12.3 试桩结果

12.3.1 压变关系

试桩的试验压力－下沉变形量关系曲线均为缓变型，4 根试桩在各级加载作用下桩顶（地面标高）处的静载试验 Q-s 曲线如图 12.3 所示，在最大加载值 45000kN 时，桩顶位移均小于 40mm。以砂岩嵌岩桩 SZA1 为例，桩身各断面处位移随着桩顶荷载缓慢增加，曲线平缓，无明显转折点，极限承载力不小于 45000kN。4 根试桩的整体荷载 － 变形特性满足工程设计的要求。

试桩 SZA1 有效桩长范围内上覆土层性质较好，以细砂和含砾中细砂为主，无粉质黏土和泥岩夹层，在桩顶加载过程中，试桩 SZA1 的各断面 Q–s 曲线相较于其他 3 根试桩更为缓变，但在最大加载值下，各断面最终沉降量无明显差异。

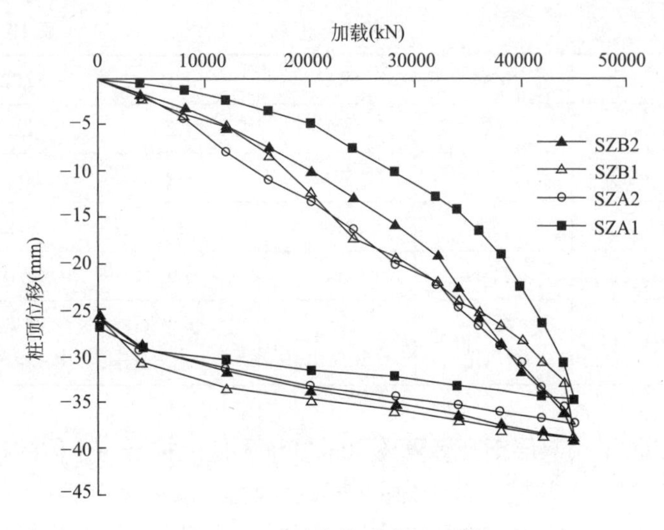

图 12.3 试桩静载试验 *Q-s* 曲线

表 12.2 给出了试桩试验结果。可以看出，在最大加载值下，4 根试桩的工程桩桩顶处沉降为 9.70 ~ 10.82mm，土岩分界面沉降为 3.45 ~ 3.93mm，桩端沉降为 2.35 ~ 2.83mm。表明嵌岩桩桩端处于较好的岩层，桩端支承条件好，桩身变形小，具有较好的变形控制能力。

图 12.4 为试桩 SZA1 桩身压缩量随桩顶荷载变化，最大加载值下各试桩桩身压缩量及分段占比统计分别见表 12.2、表 12.3，其中 δ_1 为各试桩最大加载值下桩顶至工程桩桩顶即双套筒段的桩身压缩量，δ_2 为工程桩桩顶至土岩分界面段桩身压缩量，δ_3 为土岩分界面至桩端段桩身压缩量。δ 为整根桩压缩量，s 为试桩桩顶沉降量。由表 12.3 可知，各试桩桩身压缩量占桩顶沉降量 90% 以上，桩顶沉降主要由桩身压缩引起。由于双套筒桩段套完全隔离了桩土接触，轴力约等于桩顶荷载，故此部分桩身压缩量最大，占桩顶沉降的 70% 以上；而工程桩顶至土岩分界面段桩身压缩量为 6 ~ 7mm，占桩顶沉降的 17% ~ 18%；嵌岩段桩身压缩量最小，仅为 1.1mm，约占桩顶沉降 3%。因此，减少嵌岩桩桩身沉降应以控制桩身压缩为主，提高桩身刚度将有效减小桩顶的沉降变形。

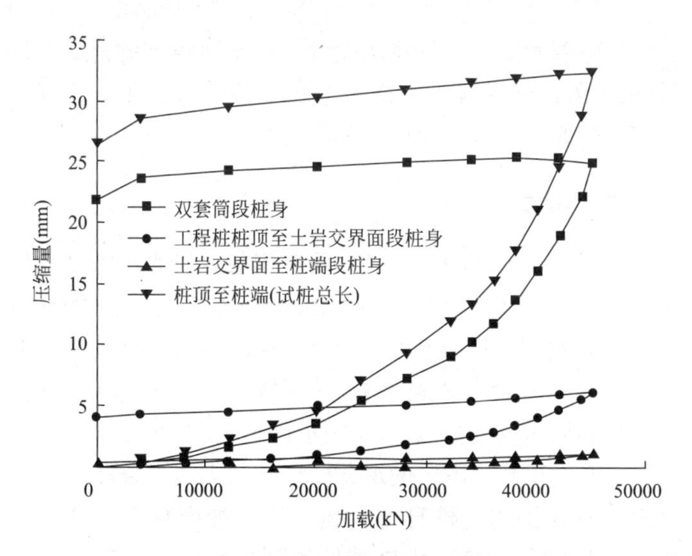

图 12.4 SZA1 桩身压缩量随桩顶荷载变化曲线

桩身压缩量实测统计 **表 12.2**

试桩编号	双套筒段 δ_1（mm）	工程桩桩顶至土岩交界段 δ_2（mm）	嵌岩段 δ_3（mm）	桩身压缩总量 δ（mm）	试桩桩顶沉降量 s（mm）	$s-\delta_1$（mm）	$s-\delta$（mm）
SZA1	25.02	6.25	1.1	32.37	34.72	9.70	2.35
SZA2	27.00	6.75	1.1	34.85	37.38	10.38	2.53
SZB1	28.00	7.00	1.1	36.10	38.93	10.93	2.83
SZB2	28.00	7.00	1.1	36.10	38.82	10.82	2.72

桩身压缩量分段占比统计 **表 12.3**

试桩编号	δ_1/s（%）	δ_2/s（%）	δ_3/s（%）	δ/s（%）
SZA1	72.06	18.00	3.17	93.23
SZA2	72.23	18.06	2.94	93.23
SZB1	71.92	17.98	2.83	92.73
SZB2	72.13	18.03	2.83	92.99

试桩扣除双套筒段的桩身压缩量，在 45000kN 的荷载下，桩顶沉降量约为 10mm，在 15000kN 左右的工作荷载作用下其沉降量更小，表现出较好的承载与变形控制能力。

12.3.2 桩身轴力

由桩身不同断面埋设的传感器可获得桩身轴力沿深度的传递情况。图 12.5、图 12.6 分别给出了 SAZ1、SZB1 试桩桩身轴力随荷载发展的分布曲线。试桩在埋深 0 ~ –30m 桩段桩身轴力基本无变化，表明双层钢套管完全隔离了开挖段桩土接触，基底开挖面处，即工程桩桩顶所承受的荷载基本等同于地面试桩顶的加载值，为直接评价试桩有效桩长范围内的承载变形性状创造了条件。

有效桩长范围内，桩身轴力随埋深增加而减小，且减小幅度受桩周地层性状的影响，于桩端处达到最小值。在最大荷载作用下，各试桩桩端处传感器所得轴力，即桩端阻力约为最大加载值的 50%。以试桩 SZA1、SZB1 为例，试桩 SZA1 桩端阻力为 26412kN，占桩顶荷载的 58.7%；试桩 SZB1 桩端阻力为 20378N，占桩顶荷载的 45.3%，砂岩嵌岩桩的桩端阻力略高于泥岩嵌岩桩。

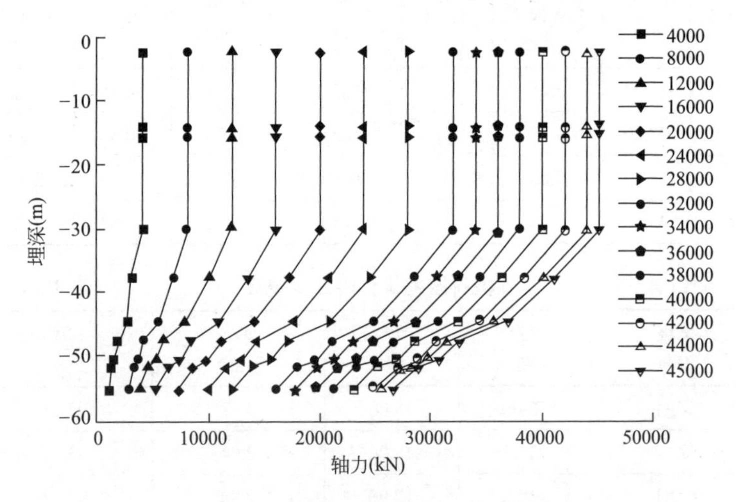

图 12.5 SZA1 桩身轴力分布曲线

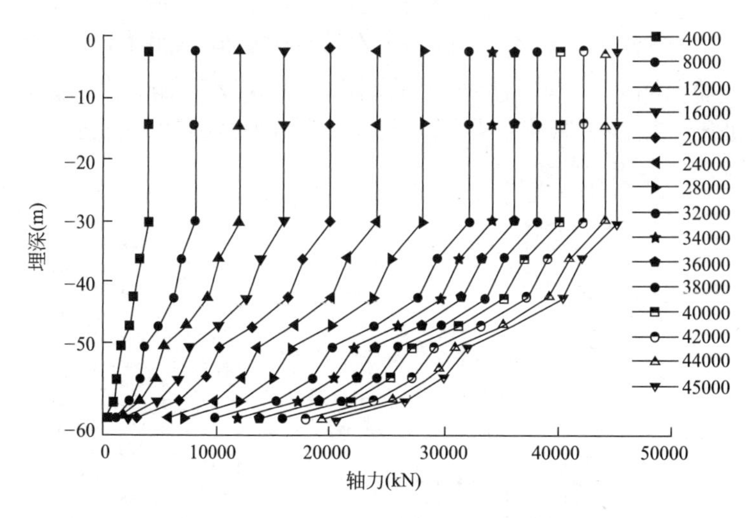

图 12.6 SZB1 桩身轴力分布曲线

12.3.3 桩侧阻力

根据各级荷载下桩身轴力沿桩长变化可计算出桩侧阻力值，SZA1 和 SZB1 试桩侧阻力随深度的分布分别见图 12.7、图 12.8。

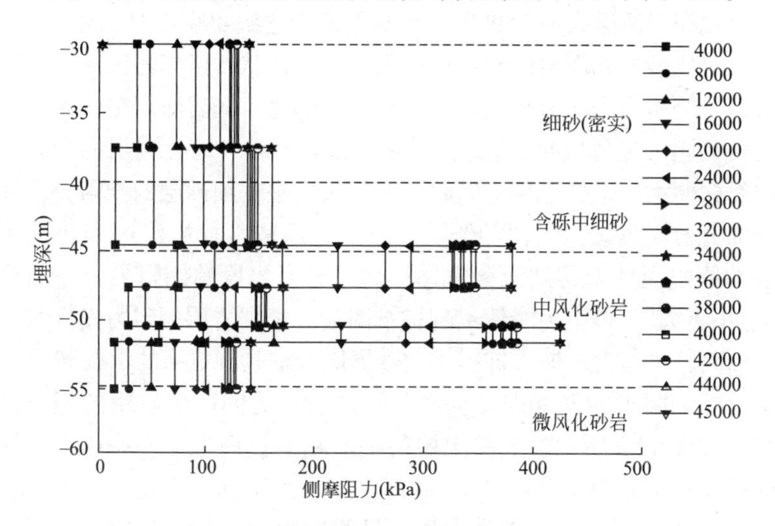

图 12.7 SZA1 试桩侧阻力分布

试桩 SZA1（嵌岩段为砂岩）在最大加载值 45000kN 下，侧阻力分布曲线呈“双峰”形态，侧摩阻力峰值出现在嵌岩段中部，约 400kPa，接近桩端处的岩层侧阻力未充分发挥，约 150kPa，与上覆土层侧摩阻力值相近。

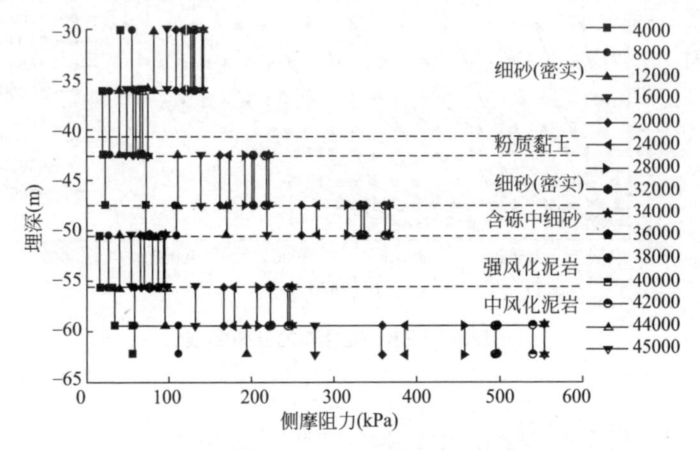

图 12.8　SZB1 试桩侧阻力分布

试桩 SZB1（嵌岩段为泥岩）在最大加载值 45000kN 下，浅部中风化泥岩侧阻力约 250kPa，桩端附近则达到 400 ~ 500kPa。

对比砂岩和泥岩嵌岩桩桩侧阻力分布性状，可以看出基岩岩性对桩身侧阻力分布有较大影响。与砂岩相比，泥岩嵌岩桩的嵌岩段桩身侧阻力发挥较早，在桩顶加载值达 8000kN 时，岩层的侧阻力的发挥便大于上覆土层；同时，泥岩嵌岩桩中细砂层的侧阻力发挥更为充分。砂岩嵌岩段的侧阻力分布曲线呈“上大下小”，桩端附近的侧阻力并未得到充分发挥；而泥岩嵌岩段的侧阻力分布曲线“上小下大”，侧阻力峰值出现桩端附近。根据岩层侧阻力发挥情况可以判断，与泥岩嵌岩桩相比，砂岩嵌岩桩具有更高的承载潜力。

桩侧阻力的发挥需要桩身与桩周岩土之间产生一定的相对位移。如图 12.9 所示，上覆土层的桩土相对位移为 4 ~ 6mm，岩层的桩土相对位移为 2 ~ 3mm 时，侧摩阻力得到较大发挥。上覆土层与岩层的侧摩阻力同步发挥，且侧摩阻力无软化现象。限于篇幅，仅给出主要分析结论，各试桩详细数据分析见文献［1］。

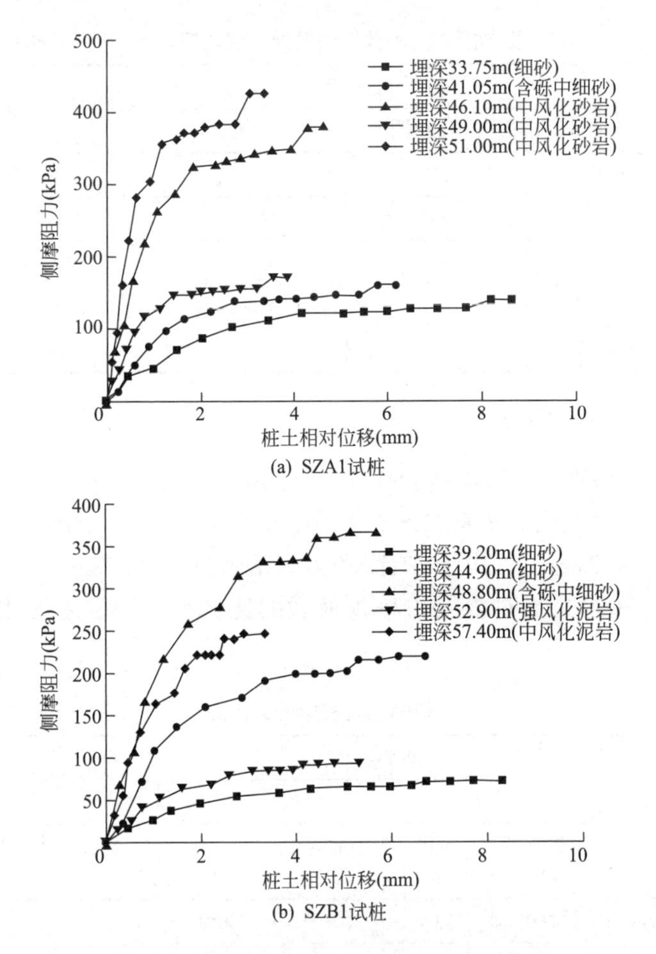

图 12.9　桩侧阻力与桩土相对位移关系曲线

本工程勘察报告根据武汉地区经验提供的各土层桩侧阻力值与实测最大值对比见表 12.4。细砂与含砾中细砂实测侧摩阻力平均值分别为勘察报告值的 2.2 倍与 3.3 倍。后注浆改善了上覆土层的力学性能，增加了上覆土层侧阻力的发挥。岩层的实测侧阻力平均值与勘察报告值较为接近，微风化泥岩与中风化砂岩的实测侧阻力平均值略小于勘察报告值，结合图 12.9 可以看出，桩身不同埋深处的微风化泥岩与中风化砂岩的侧阻力并未充分发挥。

桩侧阻力实测值与地勘报告建议值对比　　表 12.4

地层岩性	侧阻力实测值（kPa）		勘察报告值（kPa）
	平均值	最大值	
④$_3$细砂	157	180	70
⑤含砾中细砂	264	368	80
中风化泥岩	340	551	300
微风化泥岩	337	420	350
中风化砂岩	287	425	360

12.3.4　端阻性状

各试桩在最大加载值 45000kN 下的桩端阻力、端阻比（桩端阻力与加载值之比）如表 12.5 所示。在最大加载值下，桩端变形值仅为 2.35 ~ 2.83mm，由于桩端岩性好，端阻力达 20378 ~ 26412kN。砂岩的端阻力绝对值及占桩顶荷载的比例大于泥岩，约比泥岩高 25%。

桩侧阻力与桩端阻力占比　　表 12.5

试桩编号	桩侧阻力				桩端阻力	
	土层段		嵌岩段			
	数值（kN）	占比（%）	数值（kN）	占比（%）	数值（kN）	占比（%）
SZA1	8269	18.4	10319	22.9	26412	58.7
SZA2	8318	18.5	10391	23.1	26291	58.4
SZB1	15061	33.5	9561	21.2	20378	45.3
SZB2	12187	27.1	10917	24.3	21896	48.7

各试桩的端阻比随桩顶荷载变化曲线如图 12.10 所示，基岩岩性相同的试桩 SZA1 与 SZA2，SZB1 与 SZB2 的端阻比与桩顶加载的分布曲线性状相似。泥岩与砂岩的岩性差异直接影响端阻力的发挥。砂岩比泥岩强度高，砂岩嵌岩桩的端阻力在加载初始即开始发挥。桩顶加载至第一级荷载 4000kN 时，微风化砂岩嵌岩试桩 SZA1

端阻比为 25%，而中风化泥岩嵌岩桩 SZB1 端阻比仅为 2%，加载达 8000kN 时，试桩 SZB1 的端阻比约 20%。整个加载过程中，砂岩嵌岩桩的桩端阻力与端阻比始终大于泥岩嵌岩桩。

最大加载值作用下各试桩的实测桩端阻力值与岩层的单轴饱和抗压强度如表 12.6 所示。两根砂岩嵌岩桩的实测桩端阻力为 23.4MPa、23.3MPa，小于微风化砂岩的岩石单轴抗压强度值。中风化泥岩实测桩端阻力 18MPa，微风化泥岩实测桩端阻力 19.4MPa，大于泥岩单轴抗压强度值。

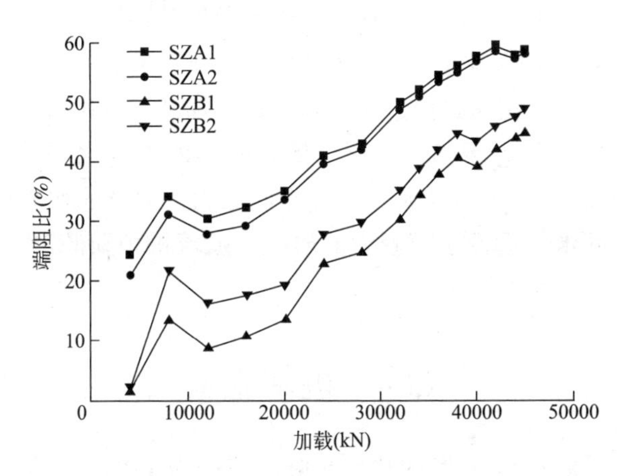

图 12.10 试桩桩顶荷载与端阻比关系曲线

实测桩端阻力值与岩层的单轴饱和抗压强度汇总表 表 12.6

指标与评价	桩端持力层岩性			
	砂岩		泥岩	
	中风化	微风化	中风化	微风化
完整性评价	较完整	完整	较完整	较完整
采芯率（%）	—	90 ~ 96	—	80 ~ 90
单桩抗压强度标准值（MPa）	23.0	50.0	10.0	13.0
桩端阻力实测值（MPa）	—	23.3 ~ 23.4	18.0	—

泥岩属软岩，工程特性比一般的土层及硬质岩复杂[2]。软岩在取样过程中极易受到扰动，导致室内单轴强度试验值偏低；桩端岩层实际处于三向应力状态[3]，单轴抗压强度无法完全反映其实际承载能力，按规范方法用岩石单轴抗压强度折减后计算桩端阻力将会低估软岩嵌岩桩的承载力。

12.3.5 嵌岩段承载性状

由前述分析可知，本工程的砂岩试桩与泥岩试桩的 *Q-s* 曲线无明显区别，但基岩性质对加载过程中各试桩的桩周土侧摩阻力、嵌岩段侧摩阻力及桩端阻力的发挥有较大影响。砂岩（较硬岩）嵌岩桩，其桩端阻力在加载初始即得到发挥，加载过程中，桩顶荷载主要由嵌岩段总阻力承担，桩周土侧摩阻力的发挥水平较低。泥岩（软岩）嵌岩桩，加载初始，桩周土侧阻力的发挥水平较高，桩端阻力的发挥水平远低于较硬岩嵌岩桩，随着桩顶荷载进一步增加，桩端阻力逐渐发挥出来。

12.4 桩基施工

超高层塔楼区工程桩共 565 根，桩径为 1.2m，分为 A1、A2、A3、B1、B2、B3、C1、C2、D1、D2、D3、E1、E2、F1、F2、G 共计 16 种桩型，现场 ±0.000 相当于绝对标高 24.400m，桩顶标高 -30.600m，有效桩长 22 ~ 33m，大部分桩端进入$⑥_{a-3}$层微风化泥岩和$⑥_{b-3}$层微风化砂岩，少部分桩端进入$⑥_{a-2}$层中风化泥岩和$⑥_{b-2}$层中风化砂岩，单桩承载力特征值为 15000kN，其桩身混凝土强度等级为 C45；单桩承载力特征值为 17000kN，其桩身混凝土强度等级为 C50。

针对工程桩桩径大、钻孔深、嵌岩深等特点，采用旋挖 + 冲击反循环接力的施工工艺[4]，充分发挥各钻机的优势，提高了嵌岩施工效率。冲击反循环钻机在中风化泥质砂岩中钻进效率为 0.17 ~ 0.25m/h，微风化岩层中的钻进效率为 0.8 ~ 1.4m/h，钻进效率较高。究其原因，根据勘察报告中描述的微风化泥质砂岩中“采芯率 90% ~ 96%，部分地段钻探过程中有非常严重的快速漏水失浆现象”，可以推断出该处存在严重裂隙，后期施工中也发现其钻进效率反高于中风化岩层。对岩层钻进过程中的泥浆性能进行了分析调配，确定最佳钻进效率时的泥浆密度、黏度，具体施工参数详见文献[4]。

参考文献

[1] 王卫东，吴江斌，聂书博.武汉绿地中心大厦大直径嵌岩桩现场试验研究[J].岩土工程学报，2015，37(11)：1945-1954.

[2] 程晔，龚维明，戴国亮，等.软岩桩基承载性能试验研究[J].岩石力学与工程学报，2009，28(1)：165-172.

[3] 彭海华，邝健政，孙昌，等.典型软岩深基础端阻力计算方法探讨[J].岩石力学与工程学报，2007，26(S1)：2913-2920.

[4] 易万元，龚艳霞，彭杰，等.武汉绿地中心大直径嵌岩桩施工技术[J].施工技术，2016，45(11)：88-90.

第 13 讲　试桩实例：温州世贸中心

温州地质条件是典型的上软下硬，即浅部分布有深厚软土层，深部基岩层作为桩端持力层，全风化岩和强风化岩厚度变化大，特别是强风化岩对成桩质量与工效有直接影响。浙江大学张忠苗教授负责对试桩进行了全面分析[1]，包括荷载 - 位移分析、桩身轴力以及桩土相对位移分析，撰写此试桩实例时，依据结构设计总结[2]，增加了桩筏设计资料，以期本例更有工程借鉴意义。

13.1　工程简况

13.1.1　结构特点

温州世贸中心由塔楼和裙房组成，其中塔楼为钢筋混凝土超高层建筑，地上 69 层，结构高度接近 278m，建筑高度 333.33m。温州世贸中心大厦主体结构的基本体系采用由钢筋混凝土外框筒和核心筒组成的筒中筒结构。对于筒中筒的结构形式由于使用功能的要求不可避免地存在结构的过渡问题。根据建筑设计和业主的要求结构过渡层自第 10 层开始。由于结构属于高位过渡转换层结构不能采用传统的梁式转换，因此采用了传力比较直接且比较均匀的分支柱过渡形式至第 15 层完成全部的结构过渡。转换层处斜柱的标准截面为 2000mm × 1300mm 且此处柱的箍筋全程加密混凝土强度等级仍为 C60；为了平衡端部斜向布置分支柱的水平推力，在第 10 ~ 15 层的周边均设置了宽扁梁，尺寸为 1400mm × 900mm（第 10 ~ 12 层）、1400mm × 1500mm（第 13 层）、1400mm × 1800mm（第 15 层），并按受拉构件进行设计对斜柱起到了一定的约束作用（图 13.1）。主楼标准层内筒基本尺寸为 21.0m × 21.0m，外框筒外包尺寸为 43.2m × 43.2m。外筒四角设置落地混凝土剪力墙以加强角部的刚度，同时在该混凝土剪力墙两侧设置角部端柱，详见图 13.2、图 13.3。地基基础设计时应当充分考虑荷载集度的变化，不仅需要控制塔楼筏板挠曲度，而且需要控制内筒与外框筒之间的沉降差。

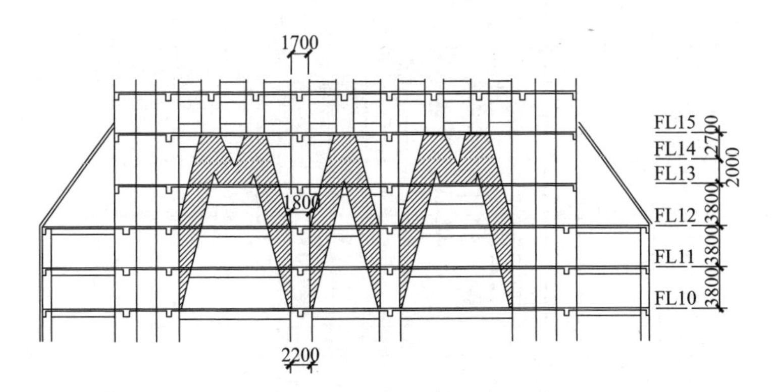

图 13.1　高位转换结构布置示意

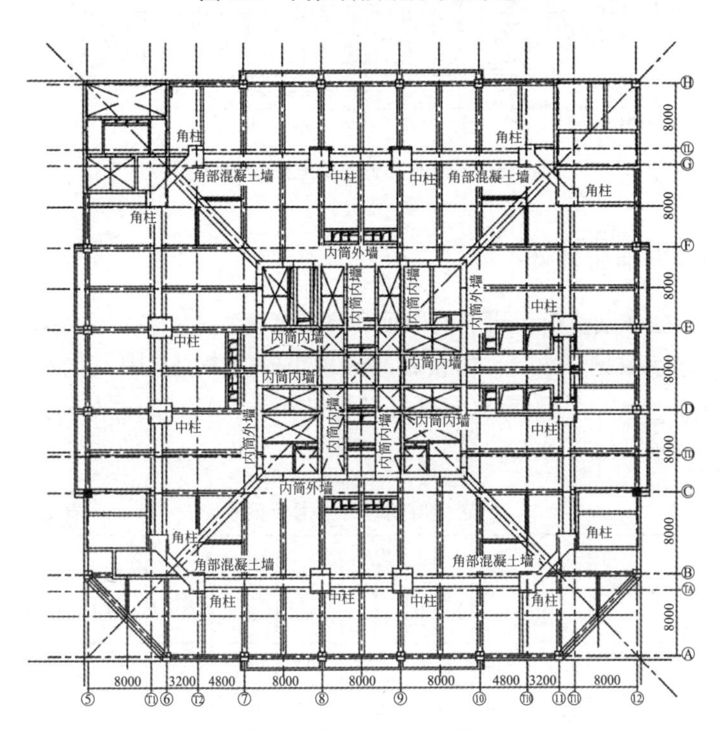

图 13.2　过渡层下部结构平面

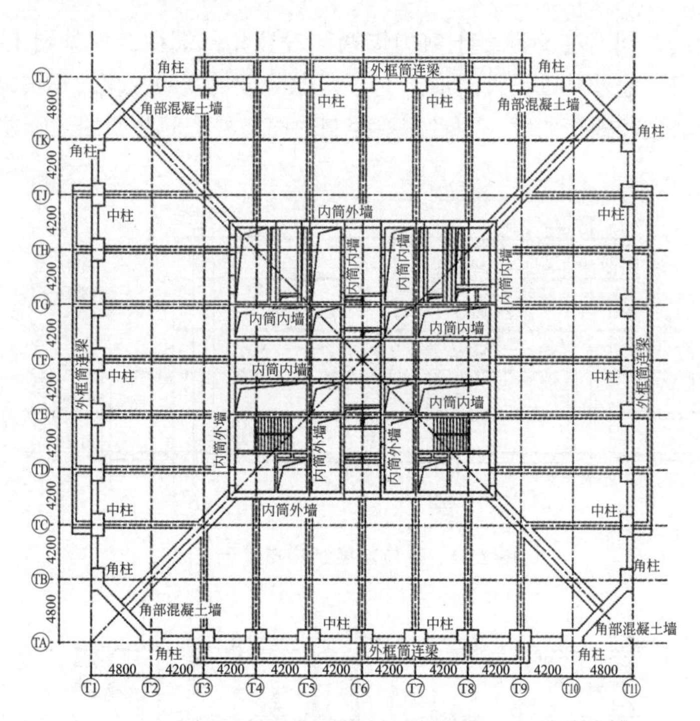

图 13.3 过渡层上部标准层结构平面

13.1.2 地质条件

根据详勘资料，岩层的厚度和高低变化太大，各岩土层物理力学指标参数见表 13.1。塔楼桩基最理想的持力层是中风化基岩⑨$_3$层（图 13.4），但若要求全部桩基均进入该层则有的桩基就必须穿过深厚强风化基岩（⑨$_2$层）施工困难。

各岩土层物理力学指标参数 表 13.1

层次	岩土名称	层厚	天然含水率（%）	重度（kN/m^3）	I_P	I_L	E_s（MPa）	f_k（kPa）	q_{sk}（kPa）	q_{pk}（kPa）
①	杂填土	2.84 ~ 5.15	43.5	17.38	20.4	0.932	—	—	—	—
②	黏土	0.30 ~ 1.70	33.9	18.77	21.3	0.515	4.0	100	22	—

续表

层次	岩土名称	层厚	天然含水率（%）	重度（kN/m³）	I_P	I_L	E_s（MPa）	f_k（kPa）	q_{sk}（kPa）	q_{pk}（kPa）
③$_1$	淤泥	9.80 ~ 13.70	70.1	15.67	23.9	1.747	1.0	42	10	—
③$_2$	淤泥	5.90 ~ 11.40	64.7	16.10	23.5	1.561	1.5	52	16	—
③$_3$	淤泥质黏土	1.50 ~ 9.60	50.5	17.27	22.5	1.121	2.8	70	20	—
④$_1$	黏土	0.90 ~ 5.55	32.9	19.06	20.5	0.501	5.5	150	45	500
④$_2$	黏土	0.90 ~ 15.70	40.9	18.20	22.1	0.734	4.5	100	35	400
⑤$_1$	粉质黏土夹黏土	1.30 ~ 9.20	29.9	19.33	16.2	0.519	6.0	160	47	550
⑤$_2$	黏土	1.00 ~ 11.60	37.0	18.55	20.9	0.648	5.0	130	40	450
⑤$_3$	粉砂夹粉质黏土	0.60 ~ 11.70	26.1	19.26	8.1	0.673	6.5	170	50	700
⑤$_4$	泥炭质土	0.40 ~ 3.00	39.8	18.00	18.4	0.763	4.0	100	35	
⑥$_1$	黏土夹粉质黏土	1.70 ~ 8.10	29.6	19.49	18.1	0.431	6.5	180	55	800
⑥$_2$	黏土	1.00 ~ 10.20	36.8	18.40	20.1	0.648	5.0	130	40	450
⑦$_1$	黏土夹粉质黏土	0.30 ~ 8.70	30.7	19.12	17.6	0.52	6.5	180	55	800
⑦$_2$	黏土	1.60 ~ 13.50	38.8	18.40	23.0	0.621	5.0	130	40	450
⑦$_3$	含粉质黏土粉砂	0.75 ~ 4.20	—	—	—	—	6.5	170	50	700
⑧	粉质黏土混砾石	0.20 ~ 10.90	—	—	—	—	6.0	170	50	700
⑨$_{1-1}$	全风化基岩	2.70 ~ 30.20	—	—	—	—	7.0	190	55	1200
⑨$_{1-2}$	全风化基岩	7.10 ~ 48.70	—	—	—	—	8.5	250	70	2500
⑨$_2$	强风化基岩	1.00 ~ 26.00	—	—	—	—	—	400	90	5000
⑨$_3$	中风化基岩	2.10 ~ 26.40	—	—	—	—	—	2500	500	10000

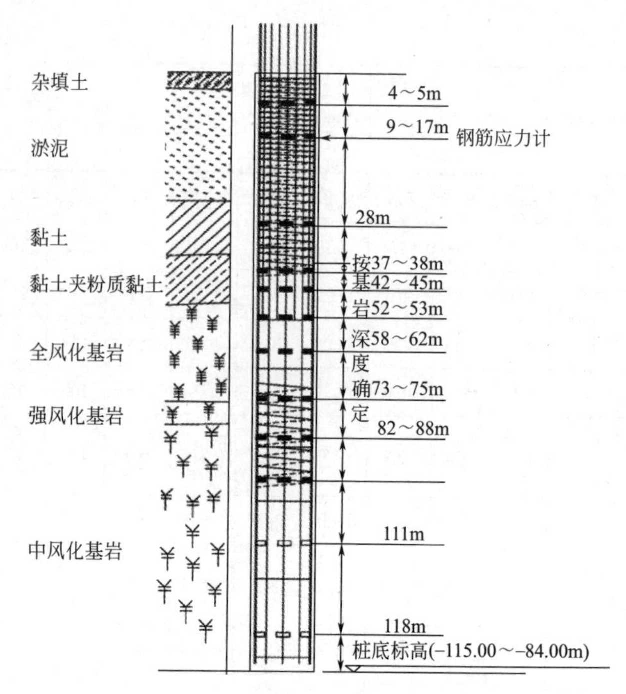

图 13.4 试桩与地层配置关系示意

13.2 试桩方案

为评价其实际承载力，选取本工程中的 3 根桩做静载试验，分别编号为 S1、S2 和 S3。其桩长、桩径等基本资料见表 13.2。试桩 S1 与 S2 的平面位置参见图 13.5，桩长与岩土层配置关系如图 13.4 所示。由表 13.1 可知，全风化基岩和强风化基岩层厚变化大。

试桩基本资料 表 13.2

桩号	桩长（m）	桩径（mm）	入持力层深度（m）	混凝土强度等级	充盈系数	配筋
S1	119.85	1100	中风化基岩 1.100	C40	1.09	20Φ25
S2	88.17	1100	中风化基岩 0.520	C40	1.14	20Φ25
S3	88.35	1100	强风化基岩 9.026	C40	1.08	20Φ25

试桩静载试验采用堆载－反力架装置，采用水泥预制块堆载（图13.6），JCQ静载自动记录仪自动记录每级压力。加载和卸载方式均按相关规范进行。桩顶沉降利用桩顶千分表及位移传感器测量得到。桩端沉降则是预先沿钢筋笼内侧埋设2寸（6.66cm）水管，然后在2寸（6.66cm）水管内下放4分水管，再在桩顶4分水管上设测点来测量得到。下放钢筋笼时在桩身10～12个断面预埋了钢筋应力计，每个断面3个，安装位置根据场地土层分布情况和桩长确定（图13.4）。

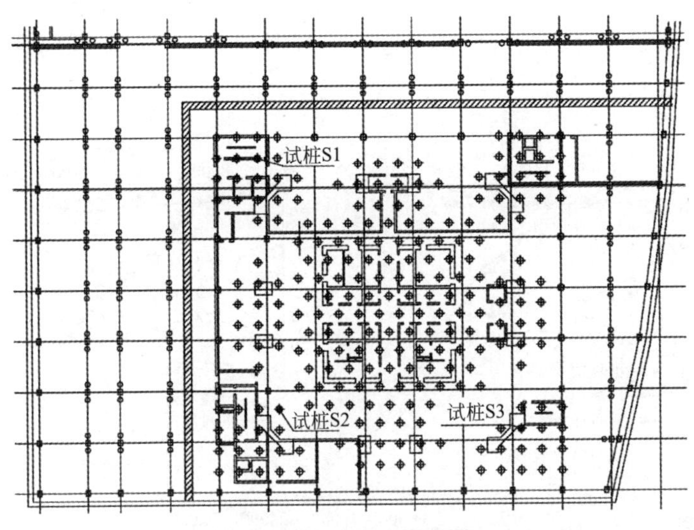

图13.5　桩位布置图

图13.6　水泥预制块堆载

13.3 试桩性状

13.3.1 荷载 – 沉降曲线分析

试桩 S1、S2 荷载 – 沉降曲线表现为缓降型（图 13.7），曲线无明显的拐点。试桩桩端沉降较小，极限荷载下桩顶沉降主要是由桩身压缩引起的。由表 13.3 可以看出，试桩 S1、S2 桩身压缩占桩顶沉降的 80% 以上，且卸载后桩端残余变形较小，说明持力层性状较好，桩底清渣干净。应根据桩顶变形控制原则确定承载力。

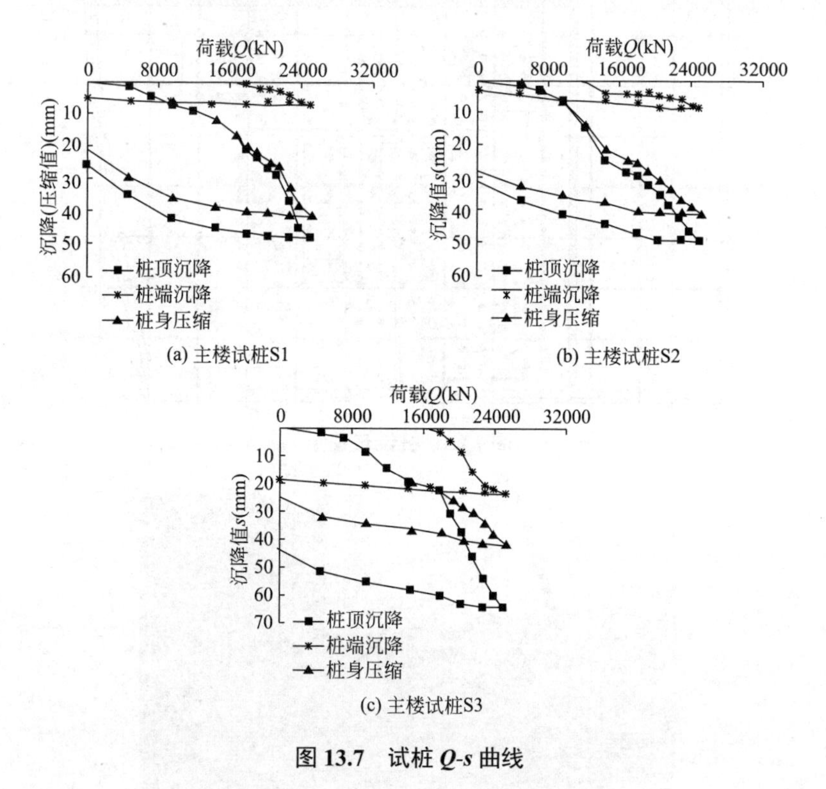

图 13.7 试桩 Q-s 曲线

试桩的荷载与位移的主要结果　　表 13.3

加载（kN）	桩号	桩顶位移 S_t（mm）	桩端位移 S_b（mm）	桩身压缩 S_s（mm）	桩顶残余变形（mm）	桩端残余变形（mm）	桩顶回弹率（%）	桩端回弹率（%）	对应荷载下 $\frac{S_s}{S_t}$（%）
12000	S1	8.60	0.00	8.60	—	—	—	—	100.0
	S2	14.77	0.52	14.25	—	—	—	—	96.5
	S3	14.47	0.00	14.47	—	—	—	—	100.0
25000	S1	47.92	6.89	41.03	25.57	4.97	46.6	27.9	85.6
	S2	49.52	8.29	41.23	30.91	3.08	37.6	62.8	83.3
	S3	64.75	23.41	41.34	43.40	18.40	33.0	21.4	63.8

试桩 S3 荷载－沉降曲线表现为陡降型。由表 13.3 可以看出，在极限荷载作用下试桩桩端沉降较大，且卸载后桩端存在较大的残余变形，达 18.4mm，沉降几乎没有回弹，说明桩端沉降主要由沉渣的压缩产生。但试桩 S3 桩顶沉降不是太大，桩身压缩仍是桩顶沉降的主要组成部分，主要是因为桩端沉渣厚度不大，并在荷载作用下压实，使后续桩侧摩阻力和端阻力又得到发挥。所以对于超长桩来说，桩底沉渣清除的干净与否，直接影响到超长桩的极限承载力和沉降量。大楼在工作荷载下（12000kN）桩顶沉降全部是由桩身压缩产生的，也就是说在正常工作荷载下桩侧摩阻力还没有完全发挥出来，故对于工作荷载约为极限荷载一半的大直径超长桩来说，桩侧土的性质和桩身质量对桩顶沉降的影响较大。在桩侧土确定的情况下，适当提高桩身强度（如混凝土强度等级、桩身配筋等）将会减少基础的沉降。

13.3.2 桩身轴力分析

试桩 S1、S2 和 S3 在各级荷载作用下的桩身轴力分布可以通过埋设在桩身 12 个断面处的钢筋应力计所采集的数据换算成轴力得到。各级荷载下的桩身轴力见图 13.8。可以看出，试桩 S1、S2 和 S3 加载到 12000kN 时，桩端荷载占桩顶荷载的比例分别为 0.26%、

5.89% 和 3.58%，可见在工作荷载下超长桩主要是由侧摩阻力提供其承载力，即在工作荷载下，超长桩表现为摩擦桩。随着荷载水平提高，端阻开始发挥，其所占承载力的比例逐渐提高，在试验的最后加载条件下（25200kN），试桩 S1、S2 和 S3 的桩端荷载占桩顶荷载的比例分别为 15.1%、32.3% 和 30.9%，此时试桩表现为端承摩擦桩性状。同时可以看出，桩长 120m 的试桩 S1 无论是工作荷载下（12000kN）还是最后加载条件下（25200kN）的端阻比都要比相同条件下的长度为 88m 的试桩 S2 和 S3 的端阻比小很多，这说明桩长对端阻力的发挥具有重要的影响。设计时要选择合适的桩长以利于侧摩阻力和端阻力的充分发挥。

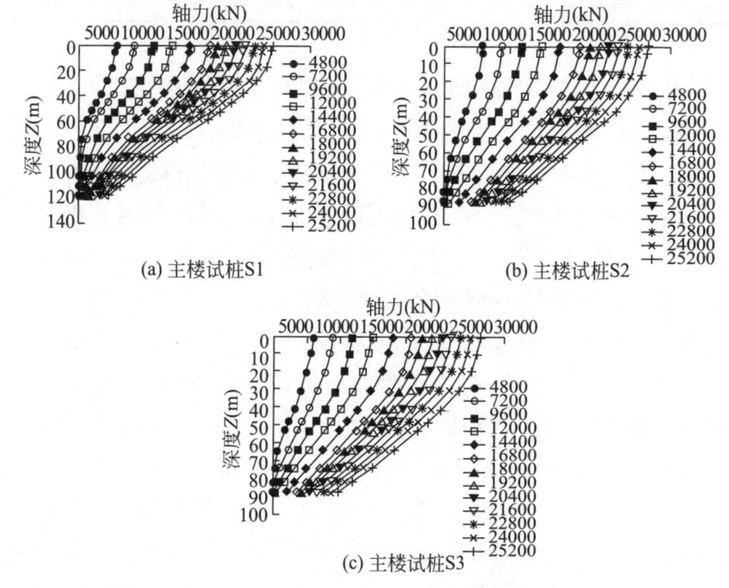

图 13.8　试桩各级荷载下桩身轴力

13.3.3　桩土相对位移

一般认为桩侧摩阻力的发挥需要一定的桩土相对位移，随着桩土相对位移的增加，摩阻力逐步发挥并最后达到极限，这一相对位移即为极限相对位移。桩侧摩阻力与桩土相对位移曲线如图

13.9 所示。可以看出，上部土层在达到极限侧阻时，随着荷载的增加，其值反而会有所降低，分析其原因是在达到极限摩阻力后上部土体结构产生了滑移破坏，导致侧阻软化。下部桩土相对位移较小，其土层摩阻力并没有得到充分发挥。对比地质条件，同类土所处的位置不同，其侧阻完全发挥所需的极限相对位移也不相同。如 S2 试桩淤泥质土 4.2m 处桩土极限相对位移为 14.7mm，16.2m 处为 12.74mm。究其原因可总结为虽然为同种土但监测点处桩土界面性质略有不同，剪切面的法向应力沿深度变化，不同土体滑移时对土体扰动，对下部土体影响等。本次试验结果显示黏性土侧阻充分发挥所需的桩土极限相对位移约为 17 ~ 20mm，淤泥质土侧阻充分发挥所需的桩土极限相对位移约为 13 ~ 15mm。

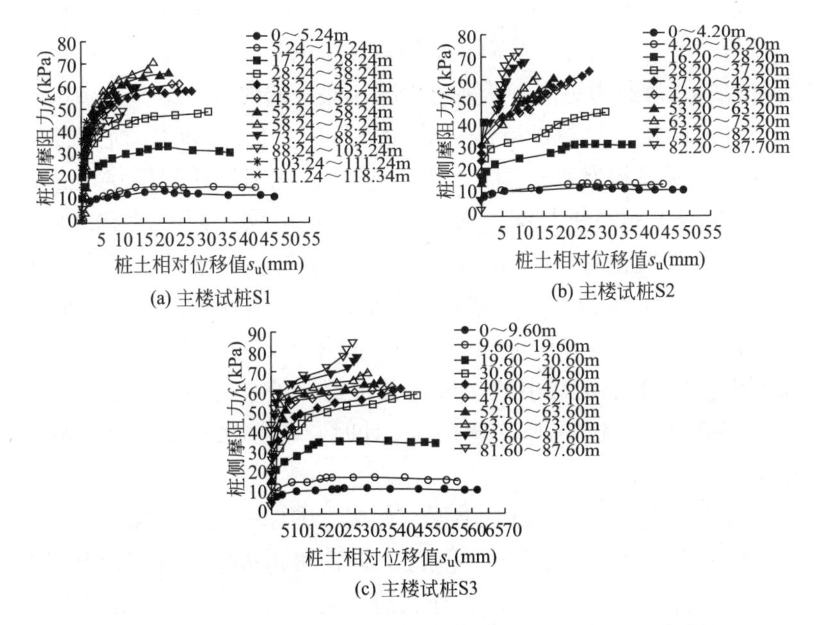

(a) 主楼试桩S1

(b) 主楼试桩S2

(c) 主楼试桩S3

图 13.9 试桩各级荷载下桩侧平均摩阻力与桩土相对位移曲线

13.4 桩筏设计

13.4.1 基桩设计

经反复估算，根据岩面高低和岩层厚度的特性最终确定了两种桩基持力层工况:（1）桩尖进入强风化岩$⑨_2$层的深度需达到10m;（2）如果$⑨_2$层的厚度不足10m 桩尖须进入$⑨_3$层 1.1m以上。虽然桩的入土深度为80 ~ 120m，变化颇大，但据此估算的单桩承载力设计值还是比较接近的（单桩承载力的设计估算值为13500kN）。

该工程塔楼下桩基的桩径采用1.1m，因为其承载力与桩身强度最为匹配，同时在相同面积范围内，桩的布置比其他更大桩径桩的布置的总承载力更高，从而可以减小底板的内力。

对不同持力层桩的静载试验和桩身应力检测表明，所有桩的承载力及质量控制都达到了预期要求：进入强风化岩层将近10m（但未穿透）的基桩与穿透层强风化基岩$⑨_2$层（但不足10m）且桩尖进入中风化基岩$⑨_3$层0.5m左右的基桩，其单桩承载力测试值都达到了预期最大的加载量25500kN，且两种不同持力层的试桩均未达到地基破坏的极限承载力。故将进入中风化基岩$⑨_3$层的深度由预估的1.1m减小到0.5m，并根据试桩结果将单桩承载力设计值提高到了14250kN。施工图设计时总桩数比初步设计的略有减少。

该工程塔楼下桩的桩身强度，如按［国标地规］的规定，其工作条件系数应为0.6左右，但实际上即使桩顶最大加载到25500kN时，桩顶桩身均未出现问题，加载前后的小应变测试也均证实桩身完好。这说明在正常的施工条件下,［国标地规］中的桩身强度计算公式仍偏于安全，而［桩基规范］中的桩身强度计算公式中的工作条件系数取值为0.8，则相对比较合理一些。

13.4.2 筏板基础

初步设计时确定塔楼部位的筏板厚度为 4m，其他部分筏板厚度均为 1.50m。施工图设计时提高了底板的混凝土强度等级（采用 C40），将塔楼核心筒下的底板厚度从原来的 4m 减小到 3.8m 同样满足冲切要求。

13.5 沉降实测

沉降监测从 2006 年 7 月 1 日大楼第 1 层建造开始到 2008 年 4 月 7 日第 65 层结顶，共获得 65 期监测数据。代表性的沉降监测点位见图 13.10，并根据具有代表性的测点（8 号—19 号—24 号—20 号—12 号—2 号）的数据绘制南北方向的沉降剖面图如图 13.11 所示。

主楼核心筒沉降最大，约为 17mm。“裙楼、主楼、主楼核心筒上的角点和边点还是有一定沉降差，但总体沉降不大[1]。”温州世贸中心建筑实景见图 13.12。

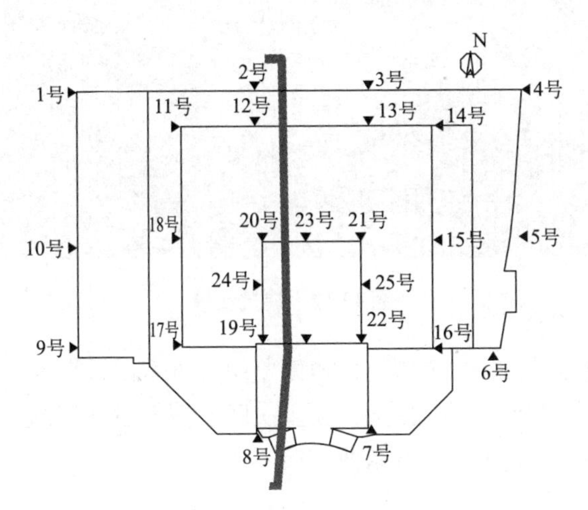

图 13.10 沉降监测点位布置

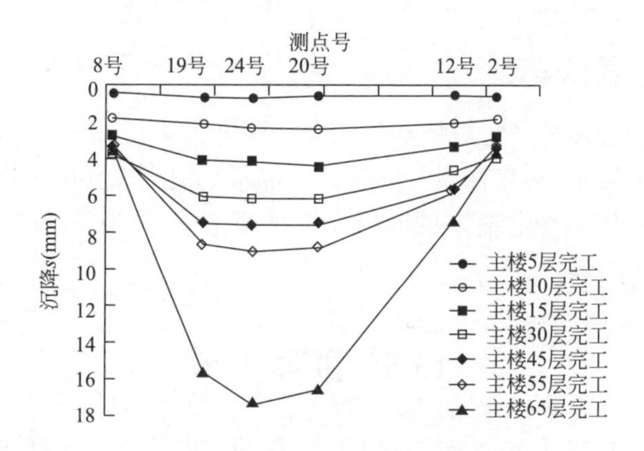

图 13.11　实测沉降南北剖面图

图 13.12　建筑实景

【按】著者 2010 年参与杭州博览中心桩基设计期间，不仅多次查阅张忠苗老师撰写的论文，还多次联系请教后注浆灌注桩承载性状。谨以此文纪念张忠苗老师。

【附】浙江大学张忠苗教授简介

张忠苗，博士，1961 年 4 月生，浙江宁海人，曾为浙江大学建筑工程学院教授、博士生导师，主要从事桩基工程、地基处理与工程地质等方向的教学与研究工作。1979 年考上成都地质学院大学本科，1983 年大学毕业后分到浙江省工程物探勘测院工作 7 年任研究室主任等职。1990 年到浙江大学土木工程系读研究生，1993 年留在浙江大学土木工程学系岩土工程研究所工作，1996 年评聘为副教授，2001 年评聘为教授。2009 年被评为浙大校级先进工作者。中国土木工程学会桩基础专业委员会委员；中国建筑学会地基基础专业委员会理事；中国工程建设标准化委员会委员。2012 年 8 月 31 日，因病逝世。

张忠苗教授一贯坚持试验研究、理论研究、工程实践相结合，所著《软土地基大直径桩受力性状与桩端注浆新技术》（2001 年浙江大学出版社出版）（图 13.13），是关于灌注桩后注浆技术的早期重要专著。此后，另一本专著《灌注桩后注浆技术及工程应用》（2009 年中国建筑工业出版社出版）（图 13.14），该书附有《浙江大学灌注桩后注浆技术规程》及 600 多根注浆桩的试验数据，充分反映出张老师注重理论研究与工程实践相结合并将成果应用于实际工程与教学中，为推动桩基工程技术进步做出了突出的贡献。

图 13.13

图 13.14

参考文献

[1] 张忠苗，贺静漪，张乾青，等. 温州323m超高层超长单桩与群桩基础实测沉降分析 [J].岩土工程学报，2010，32（3）：330–337.

[2] 董明，余梦麟，包佐，等. 温州世界贸易中心结构设计 [J]. 建筑结构，2010，40（3）：36–39.

第 14 讲　试桩实例：西安超长灌注桩

西安高新技术产业开发区（简称为“西安高新区”）是 1991 年 3 月国务院首批批准成立的国家级高新区之一，如今已建成多栋超高层建筑，建筑实景见图 14.1。

本节所述及的西安地区超高层建筑，包括西安高新区和西咸新区沣东新城。两地的超长桩试桩结果差异明显。两地的试桩调研资料，以及两地的代表性超高层建筑：国瑞·西安金融中心（高 350m）和中国国际丝路中心（高 498m）超长桩设计与地质条件分析在本节中前后叙述。

图 14.1　建筑实景

14.1 试桩调研

14.1.1 调研分析

国瑞·西安金融中心项目位于西安高新区，在设计之初，针对当地超长灌注桩承载特性进行调研，重点研读了文献［1］~［6］，查找和收集了本工程周边项目的地基基础设计方案，其中包括部分项目的设计图纸及检测报告，所收集到的周边项目建筑及桩基设计参数见表 14.1。

周边工程建筑及桩基设计参数 **表 14.1**

项目名称	迈科商业中心	中铁·西安中心	永利国际金融中心
建筑高度（m）	207	231	195
地上 / 地下层数（层）	办公楼 42/B4 塔楼 35/B4	51/B3	45/B3
结构形式	框架核心筒	框架核心筒	框架核心筒
有效桩长（m）/ 桩径（m）	52/0.8	60/1.0	55/0.8
成桩施工工艺	反循环、泥浆护壁	旋挖成孔灌注桩	反循环、泥浆护壁
混凝土强度等级	C50	C45	C45
极限试验荷载 Q_u（kN）	15000	17000（非后注浆） 21000（后注浆）	13000 ~ 16000
桩顶沉降量（mm）	19.14 ~ 27.59	28.24 ~ 31.98	36.12 ~ 38.67

根据文献［1］，两个工程的建设场地都位于西安市高新技术产业开发区（西区）内。钻孔灌注桩桩身轴力传递规律、桩侧阻力和桩端阻力的发挥与成孔施工工艺、桩长、桩周土层性质及分布位置密切相关。成孔时间短的灌注桩桩身轴力传递慢、衰减快、曲线缓，桩侧阻力大、发挥充分。由于粉质黏土和粉土具有强结构性测试得到的极限侧阻力远比规范值要大，表明黄土地基中的超长桩具有较大的承载能力。

14.1.2　迈科商业中心

迈科商业中心项目的试桩参数见表 14.2。试桩 Q-s 曲线如图 14.2 所示，试桩极限承载力与对应桩顶沉降汇总于表 14.3。

试桩参数汇总　　表 14.2

桩号	受荷性状	桩顶标高（m）	实际桩长（m）	设计桩径（mm）	桩顶出露（m）	入土桩长（m）
TP-C01	竖向受压	-20.30	53.26	800	1.00	52.26
TP-C02	竖向受压	-20.30	53.33	800	1.00	52.33
TP-C03	竖向受压	-20.30	53.18	800	1.00	52.18
TP-C04	竖向受压	-20.30	53.40	800	1.00	52.40
TP-C05	竖向受压	-20.30	53.10	800	1.00	52.10
TP-C06	竖向受压	-20.30	53.51	800	1.00	52.51

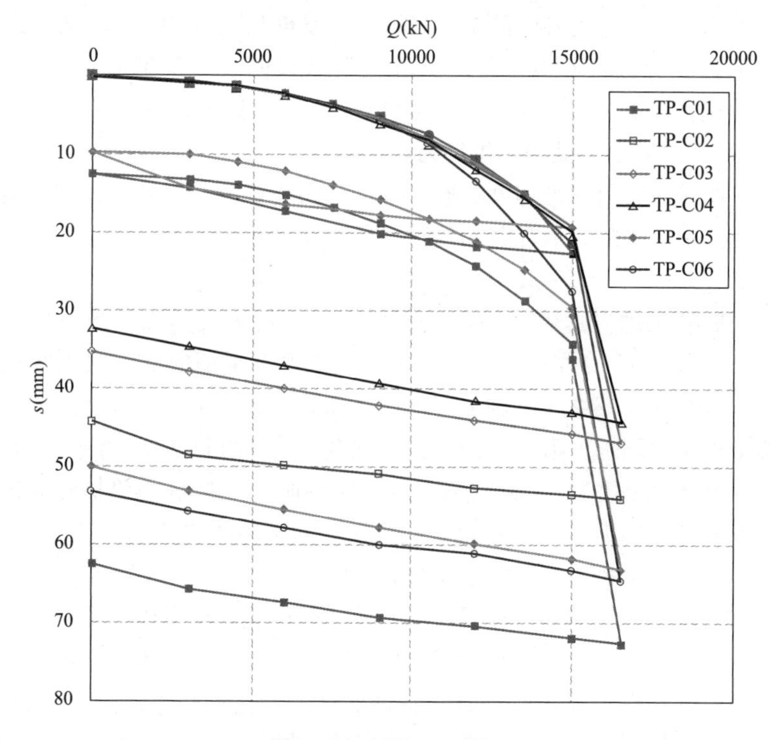

图 14.2　试桩 Q-s 曲线

试桩极限承载力与对应桩顶沉降汇总　　表 14.3

桩号	Q_u 取值方法（kN）		综合判定 Q_u（kN）	对应桩顶沉降（mm）
	Q–s 法	s–1gt 法		
TP–C01	15000	15000	15000	22.60
TP–C02	15000	15000	15000	21.40
TP–C03	15000	15000	15000	19.54
TP–C04	15000	15000	15000	20.10
TP–C05	15000	15000	15000	19.14
TP–C06	15000	15000	15000	27.59

14.1.3 中铁·西安中心

试桩采用钻孔灌注桩，旋挖钻机成孔，灌注商品混凝土成桩。采用复式后注浆，目的是解决承载力与沉降问题。3 根试桩，桩径为 1000mm，桩顶标高为 18.0m，有效桩长为 60.0m，试锚桩混凝土强度等级为 C50。设计要求极限承载力为 15000kN。设计要求后注浆单桩极限承载力为 18000kN，设计要求试桩最大加载为 21000kN，采用锚桩法提供反力。

在后注浆前先做静载试验，确定非后注浆桩的承载力，试验结束后开始后注浆，后注浆后经过一段时间的养护，再进行桩基静载试验[7]。

加载采用慢速维持荷载法，根据设计要求及预估的单桩竖向极限承载力值，No.1 和 No.2 试桩采用单循环加载方式，最大加载量为 17000kN；No.3 试桩采用双循环加载方式，第一次循环最大加载量为 15000kN，第二次循环最大加载量为 17000kN。后注浆均采用单循环加载方式，最大加载量为 21000kN。3 根桩的单桩竖向抗压静载试验和后压浆的单桩竖向抗压静载试验曲线如图 14.3 所示，其中 Q 与 s 分别为桩顶荷载、桩顶变形。

钻孔桩压浆前后进行了竖向抗压静载试验和桩身内力测试。桩身应力测试采用 GXR–1010、1011 型钢筋应力计（规格为 40mm）。对 3 根试桩均埋设了钢筋计，将钢筋计焊接在钢筋笼的主筋上面，同一断面处对称设置 2 支钢筋计，每根试桩埋设 28 支钢筋计的测

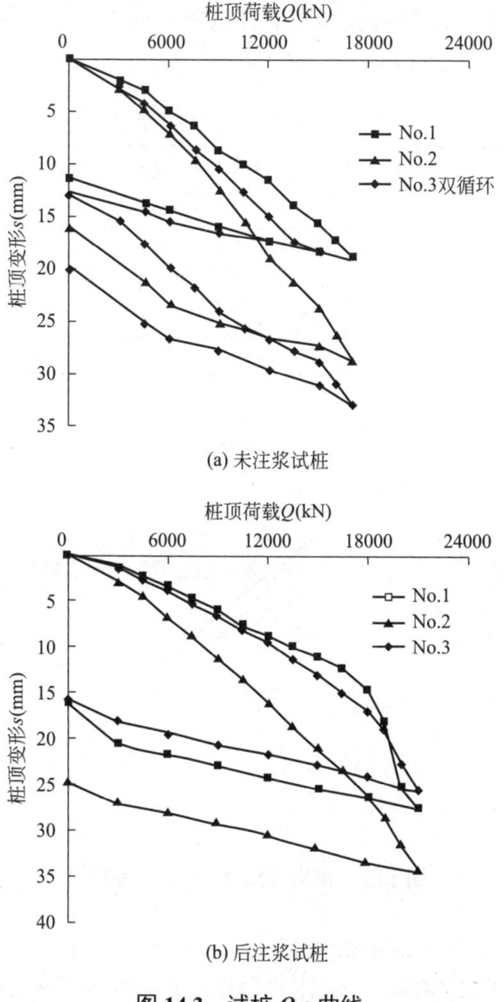

图 14.3 试桩 *Q-s* 曲线

试与静载试验同步进行，钢筋应力计的测试仪器采用 CTY-202A 型频率测读仪。静载试验加载前读取钢筋计初读数，每级荷载加荷、桩顶沉降相对稳定后测量一次读数。结合基桩的荷载传递机制，选择线性好、有规律、数据相近的钢筋计数值作为计算依据。根据各桩在各级桩顶荷载下钢筋计的频率，按钢筋计标定回归方程，计算各桩段钢筋计的轴力。通过桩的截面参数、桩身混凝土的弹性模量，计算该桩在桩顶荷载作用下各截面的轴力、桩侧阻力和桩端阻力发挥数值，见表 14.4。

注浆前后桩侧阻力测试结果 表 14.4

层号	土层名称	厚度（m）	层底深度（m）	极限侧阻力（未注浆）	极限侧阻力（后注浆）	与后注浆前比值
⑤	粉质黏土	16.8 ~ 19.3	34.5 ~ 36.0	84.2	86.7	1.03
⑥	粉质黏土	8.8 ~ 12.0	44.0 ~ 47.4	74.8	111.3	1.49
⑦	粉质黏土	13.0 ~ 18.2	59.7 ~ 64.0	100	125.6	1.26
⑧	粉质黏土	9.8 ~ 14.8	73.0 ~ 76.0	76.9	110.5	1.44

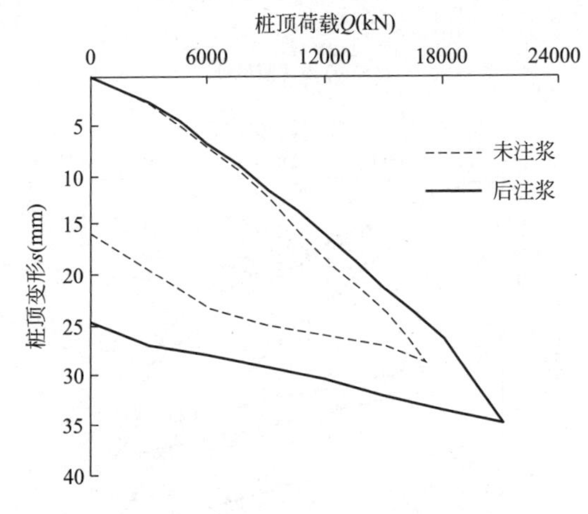

图 14.4 试桩（No.2）*Q-s* 曲线对比

如图 14.4 所示，单桩极限承载力由后压浆前的 17000kN 提高到后压浆后的 21000kN，后压浆后桩基极限承载力提高了 24%，桩侧摩阻力和桩端阻力均得到了不同程度的提高，在西安地区粉质土条件适宜采用后压浆工艺，以达到提高桩体承载力目的。

14.1.4 陕西永利国际金融中心

试桩桩径为 800mm，桩长约 55m；本工程实际桩顶高程为 –19.15m，由于设计桩顶标高位于地下潜水水位以下，为便于试验，将试桩桩顶调整至 –16.800m，见表 14.5。试桩、锚桩的桩身混凝土强度等级均为 C45，均采用泥浆护壁、泵吸反循环成孔工艺成孔。成桩后对桩侧从桩底向上 12.0m、24.0m 处及桩端进行后注浆。

试桩参数 表 14.5

桩号	孔口标高（m）	成孔深度（m）	设计桩顶标高（m）	试验桩顶标高（m）	施工桩长（m）	设计桩顶标高以上入土桩长（m）	设计桩顶标高以下有效桩长（m）
S1	−13.01	61.20	−19.15	−16.80	57.41	2.35	55.06
S2	−13.54	61.28	−19.15	−16.80	58.02	2.35	55.67
S3	−13.62	61.13	−19.15	−13.80	57.95	2.35	55.60

静载试验前对 3 根试桩均进行了桩身完整性检测，检测方法分低应变动力检测和超声波检测。检测结果表明，3 根试桩桩身结构完整，桩身完整性类别均为 I 类。

试桩 *Q-s* 曲线见图 14.5，试桩 S1 加载到 16000kN、S2 加载

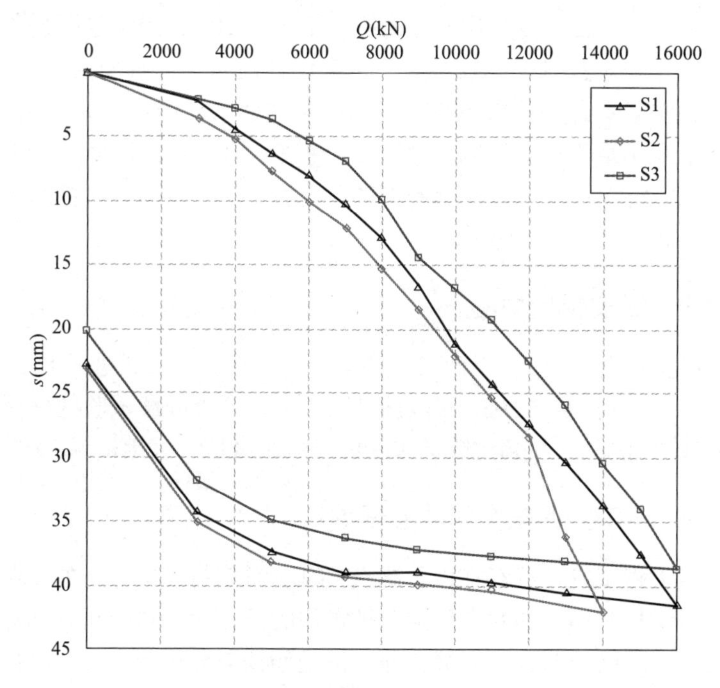

图 14.5 试桩 *Q-s* 曲线

到 14000kN 时，沉降过大，压力无法稳定，停止加载，S3 加载至 16000kN 时，沉降量达到 38.67mm，经业主同意，终止试验。本次各试桩在试验条件下的单桩竖向极限承载力值列于表 14.6。

试桩极限承载力 Q_u 值汇总 **表 14.6**

桩号	Q_u 取值方法（kN）		综合判定（kN）	相应桩顶沉降（mm）
	Q–s 法	s–lg$t$ 法		
S1	15000	15000	15000	37.53
S2	13000	13000	13000	36.12
S3	16000	16000	16000	38.67

根据文献［3］，基础桩桩径 800mm，桩长 57.5m，采用桩端和桩侧后压浆工艺；要求采用反循环钻机成孔泥浆护壁工艺。总桩数 280 根。在桩身混凝土灌注成桩后 7 ~ 8h 内，采用高压泵注水疏通压浆阀。并在成桩 2d 后，桩身混凝土达到设计强度的 70% 后进行注浆施工，且与成孔作业点的距离不小于 10m，当满足下列条件时可终止注浆：（1）注浆总量已达到设计值时（桩端分两次注浆，第一次注浆水泥用量为 1000kg，第二次注浆水泥用量为 800kg；侧注浆水泥用量不小于 1400kg）。（2）注浆压力达到设计值时不小于 4.0MPa，桩端注浆压力控制的工作压力为 1.2 ~ 2.0MPa，桩侧注浆压力控制的工作压力为 0.6 ~ 1.0MPa。

14.1.5 西安绿地中心

西安绿地中心位于西安高新区，高 270m，其试桩的桩径为 900mm，试验桩长 67.9m，有效桩长 61.1m，单桩静载试验的桩顶最大荷载 22400kN，桩顶沉降量 40.84mm（图 14.6），采用桩侧后注浆。

14.1.6 国瑞·西安金融中心试桩

本工程试桩工程存在以下难点：（1）为控制成本，业主要求工程桩与锚桩共用，如此带来试验桩定位的精确性问题，同时试桩检测时，需严格控制锚桩裂缝，即锚桩配筋按裂缝控制；（2）成孔施工工艺的抉择，西安地区反循环成孔施工工艺应用较多，但也有旋

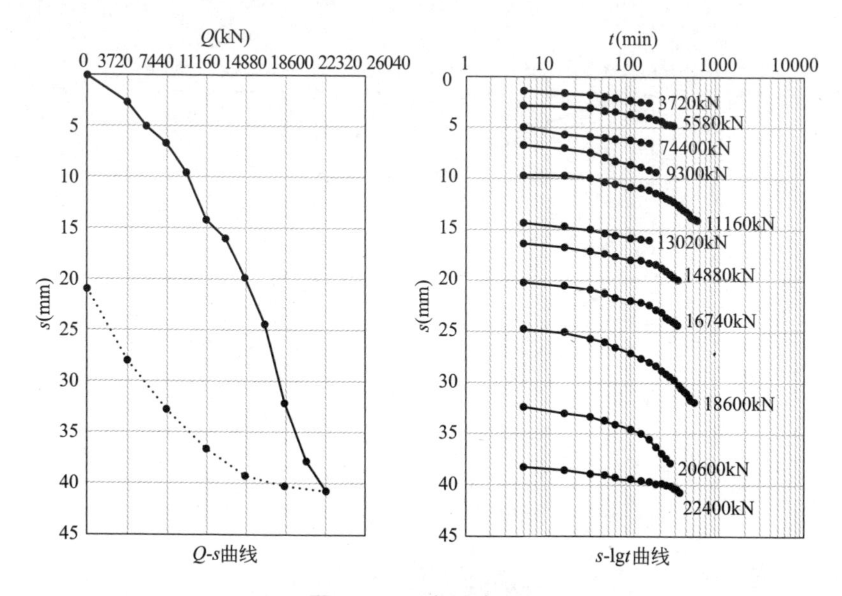

图 14.6　西安绿地中心

挖施工工艺的成功经验[4]（表 14.1 中“中铁·西安中心”项目），两种施工工艺各有优缺点，最终业主选定了成本相对低的反循环成孔施工工艺；（3）成桩质量控制，作为超长桩，单桩承载力由桩侧桩端阻力和桩身强度控制，因此桩身混凝土质量控制非常重要[5]。

抗压试桩编号为 TP1 ~ TP3，桩径 1.0m，最大加载荷载值取 30000kN，有效桩长 70.0m，施工桩长及检测桩长 76.0m，桩身混凝土强度等级为 C50，桩端和桩侧进行复式后注浆，均采用滑动测微计进行桩身轴力监测，采用反循环钻孔泥浆护壁施工工艺。图 14.7 为抗压试桩 Q–s 曲线，各试桩 Q–s 曲线均为缓变型，s–lg$t$ 曲线无明显向下弯曲，桩长 76.0m 情况下单桩竖向极限承载力均可取 30000kN。

3 根抗压试桩均进行了滑动测微应力测试，检测单位进行了土层摩阻力的计算分析，结果见表 14.7。将桩侧摩阻力实测值与勘察报告取值进行对比（图 14.8），可见检测成果很好地反映出超长桩受力情况，抗压桩端阻力为零，为纯摩擦桩，并呈现近桩顶处、近桩端处的侧摩阻力小、桩中间侧摩阻力相对较大的形态，最大实测

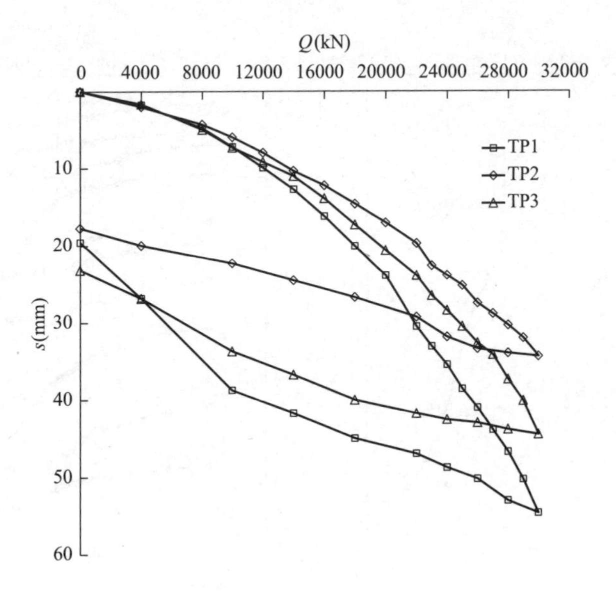

图 14.7 抗压试桩 *Q*-*s* 曲线

侧摩阻力介于 180 ~ 194kPa 之间，位于距桩顶 39 ~ 47m 处的粉质黏土⑧层或中砂夹层⑦$_1$和粉质黏土⑧层交界面。

桩顶荷载 30000kN 作用下各土层单位侧摩阻力和桩端阻力（kPa）

表 14.7

地层编号		试桩号			平均值
		TP1	TP2	TP3	
各土层侧摩阻力	④	17.6	16.4	20.3	18.1
	⑤	56.8	70.6	59.6	62.3
	⑥	111.7	128.8	108	116.2
	⑥$_1$	—	156.3	141.8	149.1
	⑦	164.1	173	171.9	169.7
	⑦$_1$	—	180.4	190.6	185.5
	⑧	187.5	175.7	193.2	185.5
	⑨	177.7	151.4	176	168.4
	⑩	125.7	109.2	127.2	120.7
	⑩$_1$	44.5	73.4	81.1	66.3
	⑪	—	42.1	31.5	36.8
桩端阻力		0	0	0	0

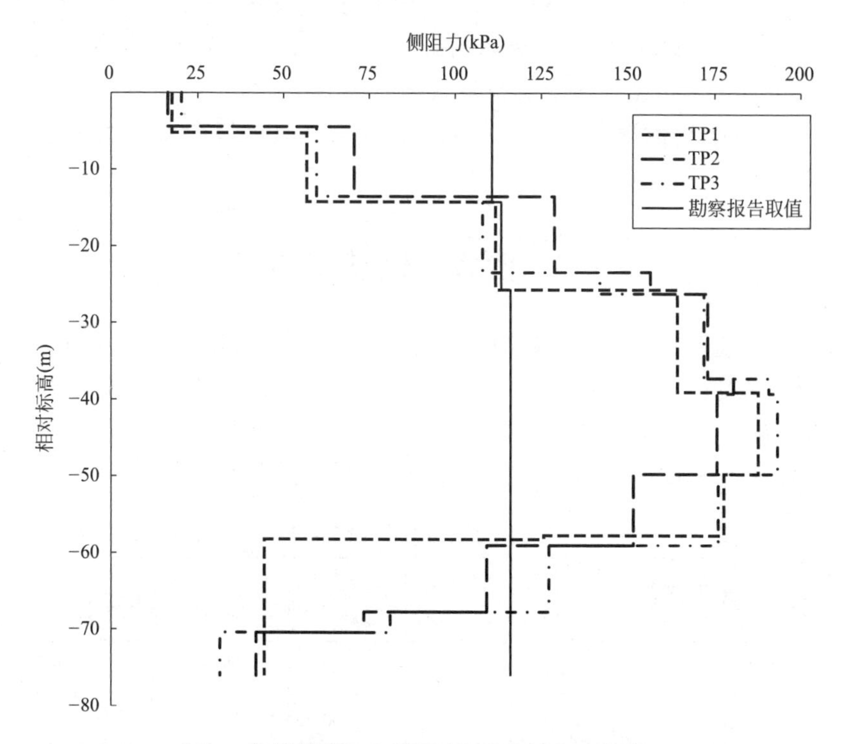

图 14.8　桩侧摩阻力实测值与勘察报告取值对比

因试桩桩顶标高均高于设计标高，故应扣除桩顶高差部分土层的侧摩阻力作为有效桩长（76.0m）下的单桩极限承载力。（1）根据岩土工程勘察报告提供数据进行折减，根据地勘报告提供数据计算，有效桩顶标高以上 6.00m 长度部分极限侧摩阻力可取为 781.86kN（未考虑后压浆影响），在扣除此桩侧摩阻力后，桩长 70.0m 时单桩竖向极限承载力可取为 29218.14kN。（2）根据滑动测微应力实测结果进行折减，滑动测微计实测试桩桩身上部 6.00m 长度范围内侧摩阻力结果见表 14.8。

抗压试桩有效桩顶标高以上部分桩侧土层摩阻力实测结果　表 14.8

试桩编号	TP1	TP2	TP3
桩侧摩阻力（kN）	430.05	581.27	579.89

由表 14.8 可见，由滑动测微计实测有效桩顶标高以上 6.00m 长度部分 3 根试桩极限侧摩阻力介于 430.05 ～ 581.27kN 之间，则在扣除此桩侧摩阻力后，桩长 70.0m 单桩竖向极限承载力介于 29418.73 ～ 29569.95kN 之间。

14.2 西咸新区沣东新城

同属西安地区的西咸新区沣东新城[①]、西安高新区的超长桩试桩结果差异明显，两地试桩结果对比见表 14.9，对应桩顶最大试验荷载的桩顶沉降量基本一致，分别为 40.84mm、40.96mm。西咸新区沣东新城某超高层项目[8]，试桩 Q-s 曲线如图 14.9 所示。

两地试桩数据对比 **表 14.9**

项目位置	桩径（mm）	试验桩长（m）	有效桩长（m）	最大荷载（kN）	最大沉降量（mm）	后注浆方式
沣东新城	1000	66.4	51.4	32000	40.96	桩端、桩侧
西安高新区	900	67.9	61.1	22400	40.84	桩侧

由表 14.9 和图 14.9 可知，西咸新区沣东新城项目的桩长比西安高新区项目桩长短了约 10m，其单桩静载试验的最大试验荷载高了近 10000kN，“对于渭河一级阶段场地（砂层厚的场地）通过后注浆工艺施工时，其桩身侧阻力提高明显[8]”，说明成桩施工工艺质量、后注浆增强效果均与地层土质条件关系密切。

---

① 陕西省西咸新区沣东新城原名西安沣渭新区，2010 年 12 月 6 日，陕西省委、省政府，西安市委、市政府为落实国务院颁布的《关中－天水经济区发展规划》，加快推进西咸一体化和西安国际化大都市建设，将其更名为西咸新区沣东新城。根据陕西省政府第 21 次常务会议审议通过《西咸新区总体规划》（2010—2020 年），并通过国务院新闻办发布此规划，规划载明：沣东新城作为西咸新区渭河南岸的重要组成部分。

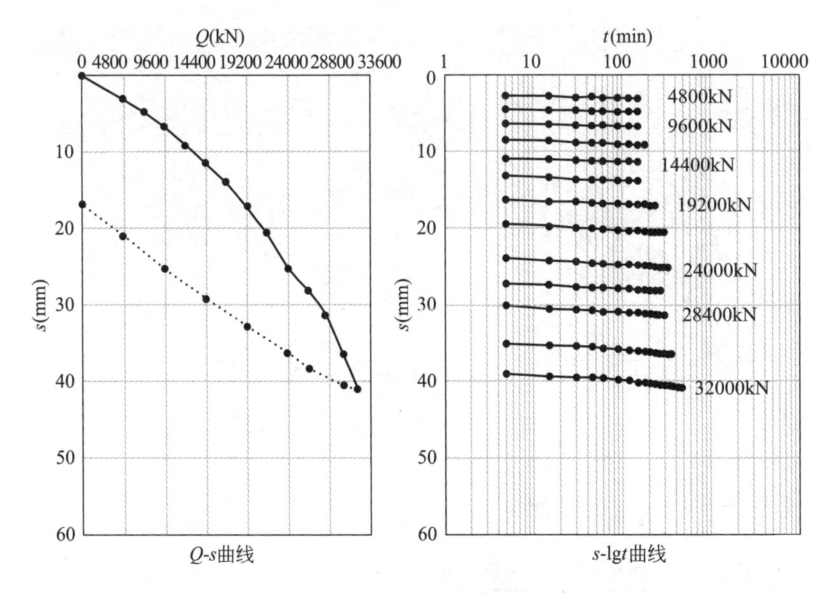

图 14.9　试桩 Q-s 曲线

14.3　地质条件比较

西安地区地貌见图 14.10[8]，主要地貌单元分为：黄土台塬和渭河冲积平原的地貌类型——河漫滩、一级阶地、二级阶地、三级阶地和黄土台塬，受三门湖沉积与萎缩消亡影响的冲洪积一级台地～三级台地，秦岭山前冲洪积扇等。

渭河漫滩和一级阶地主要以砂层为主，上部分布有薄层黄土状土；渭河二级阶地和三级阶地上部分布有黄土状土或黄土、古土壤，下部分布有砂层和粉质黏土层；黄土台塬以黄土和古土壤为主；冲洪积一级台地以黄土状土、砂层、粉质黏土为主，局部上部分布有圆砾、卵石层；冲洪积二级台地～三级台地以黄土状土或黄土、古土壤、砂层、粉质黏土为主。

由图 14.10 可知，中国国际丝路中心位于西咸新区中央商务区，建设场地位于渭河右岸一级阶地，地形平坦，主要土层包含填土、黄土状土、中细砂、粉质黏土、中粗砂等；西安国瑞金融中心

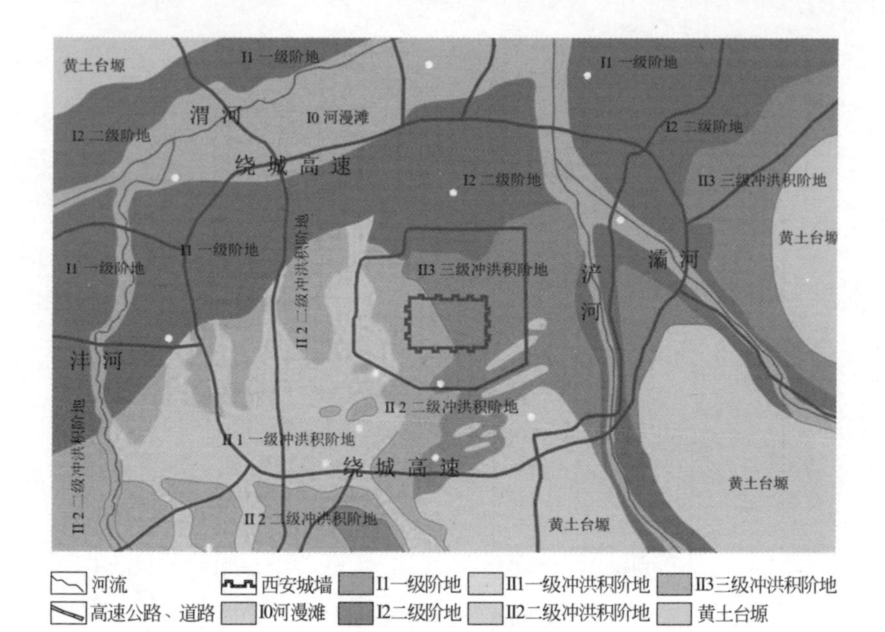

图 14.10 西安地区地貌简图

则地处一级冲洪积阶地，地层以粉质黏土层为主；两项目的地层分布差异明显，见图 14.11。国瑞·西安金融中心与中国国际丝路中心的桩长与地层配置关系见图 14.11。

中国国际丝路中心采用桩筏基础，筏板厚 5m，桩径 1m，采用桩端和桩侧复合注浆的钻孔灌注桩技术。采用基于沉降控制目标的桩基变刚度调平设计，塔楼核心筒区域布置 248 根桩，其长为 69m，外围框架柱区域布置 226 根桩，其长为 61m。桩端持力层均为中粗砂层，单桩承载力特征值分别为 15000kN 及 14000kN[9]。

国瑞·西安金融中心采用长短桩变调平设计思路[10]，核心筒区域用长桩，框架柱下桩长适当减短，以有效控制核心筒与框架柱之间的差异沉降，具体设计方案如下：核心筒区域，布设桩径 1.0m、桩长 70.0m、抗压承载力特征值 12000kN，桩端持力层为粉质黏土⑪层；框架柱区域，布设桩径 1.0m、桩长 65.0m、抗压承载力特征值 11000kN，桩端持力层为粉质黏土⑩层；反循环成孔灌注施工工艺，桩侧、桩端均后注浆。

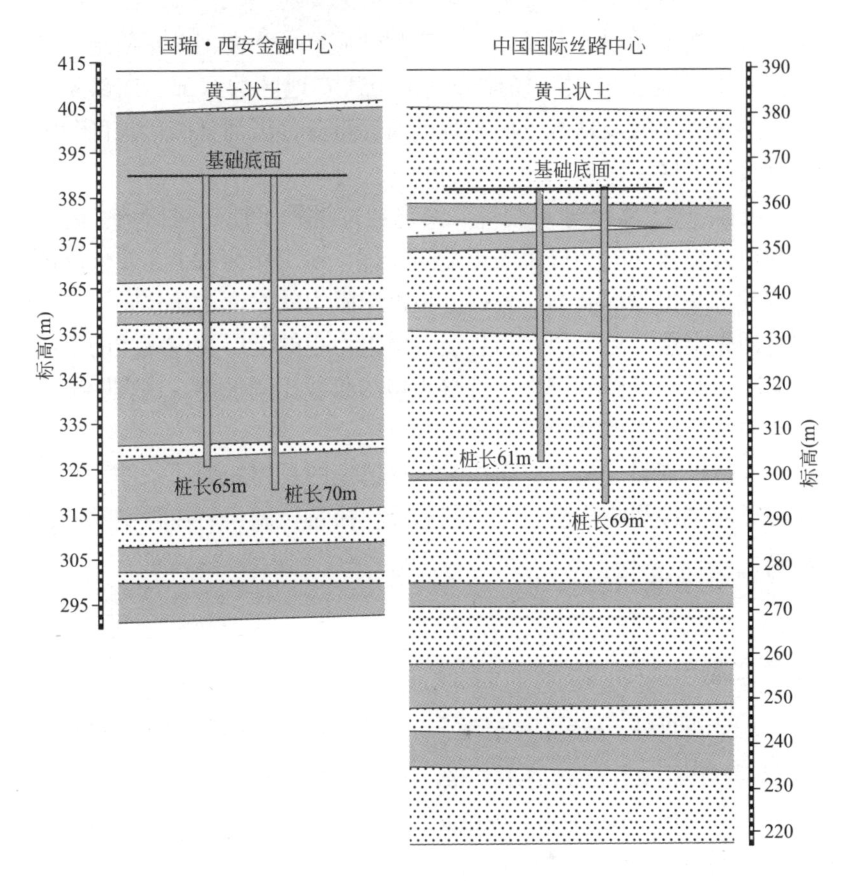

图 14.11　桩长与地层配置关系

文献［2］工程场地地貌单元属渭河Ⅲ级阶地，在西安黄土地区应用钻孔灌注桩后压浆技术可以有效地提高单桩承载力，减小沉降。

文献［4］通过对西安地区不同场地 20 余根旋挖钻孔灌注桩静载试验及桩身应力测试结果分析，西安地区黄土及粉质黏土地基中采用旋挖成孔工艺完成的灌注桩，桩土作用效应显著，在荷载作用下，桩侧阻力在不同的加荷阶段及不同的桩身部位有不同的发挥特征，发挥的程度充分，而端阻力的发挥则十分有限。从桩的荷载传递机理看为摩擦桩类型。试验场地分别位于西安地区的东部、南部及城区，按地貌单元及地基土的工程性质可分为渭河Ⅱ级阶地区和渭河Ⅲ级阶地区。试验场地分别位于西安地区的东部、南部及城区，按地貌单元及地基土的工程性质，可分为渭河Ⅱ级阶地区和渭河Ⅲ级阶地区。

文献［6］本场地地貌单元属皂河冲洪积平原一级阶地。超长桩的荷载传递性状为侧阻先于端阻发挥，在工作荷载下主要依靠侧阻的发挥来提供承载力。各层土桩侧摩阻力的发挥性状也是不一致的，即先上层，后下层，而且极限摩阻力小的土层及埋深浅的土层其摩阻力越易发挥到极限。桩端承担的荷载比例很小。这表明黄土地基中钻孔灌注桩有较高的承载潜力。

故试桩资料分析时应当注意所在场地的具体的地质条件，因为地层土质条件影响成桩施工工艺选择、质量控制、后注浆实际增强效果。

参考文献

［1］冯世进，柯瀚，陈云敏，等. 黄土地基中超长钻孔灌注桩承载性状试验研究［J］. 岩土工程学报，2004（1）：110-114.

［2］刘焰. 后压浆灌注桩在黄土地区的工程应用［J］. 建筑结构，2007（10）：85-87.

［3］杨静. 超长灌注桩在西安永利国际金融中心中的应用［J］. 山西建筑，2015，41（1）：77-78.

［4］张炜，茹伯勋. 西安地区旋挖钻孔灌注桩竖向承载力特性的试验研究［J］. 岩土工程技术，1999（4）：39-43.

［5］孟刚，李永鹏，张凯峰，等. 西北地区超长桩基混凝土配合比设计研究［J］. 混凝土，2013（11）：130-131.

［6］王东红，谢星，张炜，等. 黄土地区超长钻孔灌注桩荷载传递性状试验研究［J］. 工程地质学报，2005（1）：117-123.

［7］姚建平，蔡德钩，朱健，等. 后压浆钻孔灌注桩承载特性研究［J］. 岩土力学，2015，36（S1）：513-517.

[8] 熊维，戚长军，吴学林，等. 西安地区超高层建筑场地勘察、试桩及沉降观测分析与经验总结 [J]. 地基处理，2021，3（1）：21-28.

[9] 丁洁民，虞终军，吴宏磊，等. 中国国际丝路中心超高层结构设计与关键技术 [J]. 建筑结构学报，2021，42（2）：1-14.

[10] 方云飞，王媛，孙宏伟. 国瑞·西安国际金融中心超长灌注桩静载试验设计与数据分析 [J]. 建筑结构，2016，46（17）：99-104.

第 15 讲　试桩实例：北京中信大厦

15.1　案头分析

桩的承载力常常受控于桩周围岩土所提供的侧阻力和端阻力。侧阻力和端阻力的实际发挥取决于基桩与岩土界面的软化或硬化，成桩的工艺及质量管控至关重要。

软硬交互沉积层构成地基，桩长与持力层比选、长径比与基桩承载性状考量、桩基础沉降变形控制以及主裙楼差异沉降控制都是桩基础设计过程中的关键问题。桩身直径的加大、桩身长度的加长，均能得到更高的单桩承载力计算值，因而造成了认识误区，认为长桩一定比短桩的承载力更高，然而事实并非如此。由此反思，针对软硬交互层地基，更应审慎考量长径比与基桩承载性状。

北京 CBD 超高层建筑实景如图 15.1 所示。北京中信大厦建设场地的地质条件如图 15.2 所示，概化为黏性土层 ~ 粉土层 ~ 砂卵石层若干旋回沉积层，当选择第⑫层为桩端持力层，则第⑬层为相对软弱下卧层，当考虑加长桩长，选择更深部的第⑭层为桩端持力层，则其下第⑮层又构成相对软弱下卧层，且第⑮层的厚度较之第⑬层更厚，而且此时桩基施工难度随之增大，因此需要统筹兼顾。

根据前期调研，为了去除无效桩长段侧阻力对试桩承载力的影响，北京国贸三期 A 阶段、北京银泰中心、上海中心大厦和天津高银 117 大厦的试桩均采用双套筒的技术措施。中央电视台总部大楼和国贸三期 A 阶段的试桩静载试验见图 15.2，中央电视台总部大楼试桩的桩端持力层有⑩和⑫层，国贸三期 A 阶段的试桩桩端持力层为⑫层，其试桩结果见第 8 讲“试桩比较：灌注桩后注浆增强效果”。

图 15.1 北京 CBD 超高层建筑实景

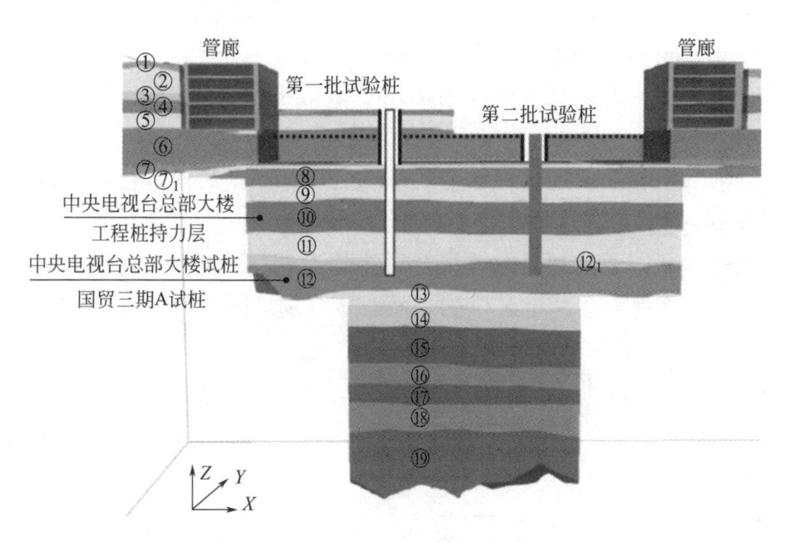

图 15.2 试桩桩端持力层比选

15.2 试桩方案

地质条件如图 15.2 所示，表层为人工填土①层，其下为第四纪沉积层，包括粉质黏土、重粉质黏土②层、细砂、中砂③层、卵石、圆砾④层的粉质黏土、重粉质黏土⑤层、卵石、圆砾⑥层、黏土⑦层及粉质黏土、粉质黏土$⑦_1$层、卵石、圆砾⑧层，粉质黏土⑨层，中砂、细砂⑩层，粉质黏土⑪层，卵石、圆砾⑫层，粉质黏土⑬，中砂、细砂⑭层，重粉质黏土⑮层，卵石、圆砾⑯层、重粉质黏土、粉质黏土⑰层、卵石⑱层、重粉质黏土、粉质黏土⑲层。

基底直接持力层为黏土⑦层，卵石、圆砾⑫层为目前试验桩的桩端持力层。主塔楼范围内该层分布厚度为 7.30 ~ 12.90m（不含局部层间夹细砂薄层）。该层工程性质良好，作为试桩的桩端持力层。

由于本工程基坑为超深开挖，因此需要结合土方和支护施工进度，进行试桩的成桩施工和静载试验。前后两批试桩设计参数：

（1）第一批试桩：桩径为 1.0m，有效桩长约为 42.2m，试桩总长达 62.2m。设计最大加载量为 40000kN。

（2）第二批试桩：桩径为 1.2m，有效桩长为 44.6m，试验桩总长约为 54.6m。设计最大加载量为 35200kN。

第一批和第二批试桩作业的基坑底面标高距离设计桩顶标高分别有 20m 和 10m，均采用了双套筒技术作为侧阻力隔离措施。试桩在成桩后采用了桩端与桩侧组合后注浆工艺。试桩桩身内通长对称布置 3 个声测管。两批试桩的平面布置分别见图 15.3 和图 15.4。

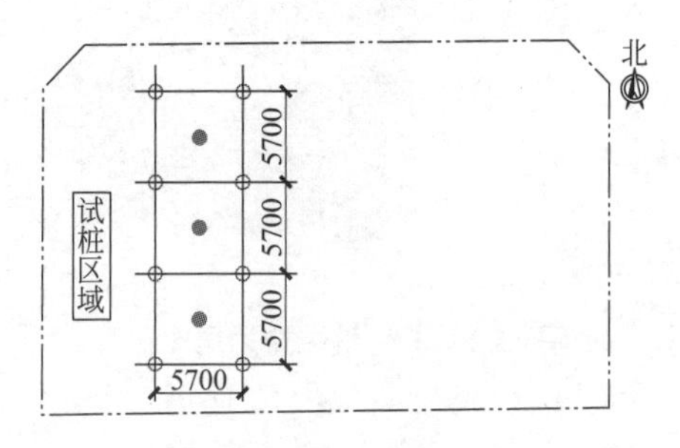

图 15.3　第一批试桩平面布置（单位：mm）

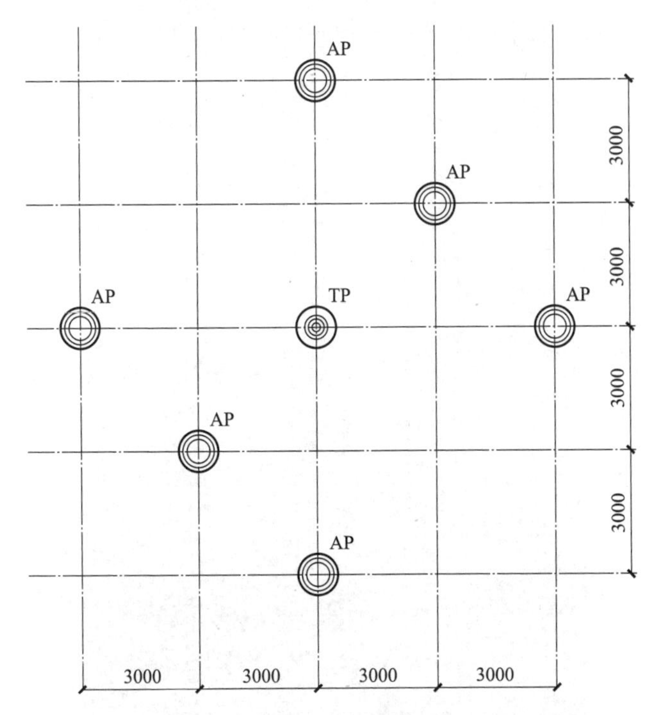

图 15.4 第二批试桩与锚桩平面布置（单位：mm）

15.3 试桩施工

第一批试桩桩径 1.0m，试验时标高为绝对标高 20.2m，设计桩顶标高为绝对标高 0.2m，施工桩长 62.2m，有效桩长 42.2m。试验标高至设计桩顶标高段采用双层钢套管消减桩侧土阻力，安装施工如图 15.5 所示。施工采用 R-622HD 型旋挖钻机成孔，泥浆护壁，下放钢筋笼后导管法灌注混凝土成桩。

第一批试桩后注浆水泥浆采用 P·O42.5 水泥，水灰比为 0.6 ~ 0.7，桩侧三道注浆管，每个注浆管压浆量为 900kg，桩端注浆管压浆量为 2200kg。

第二批试桩后注浆量：桩侧为 1100kg/ 管，桩端为 3500kg/ 桩。

图 15.5　第一批试桩双套筒安装

15.4　加载方法

北京的国贸三期、中央电视台总部大楼、上海中心大厦，天津高银 117 大厦，主塔楼试验桩均采用锚桩反力法。温州鹿城广场塔楼（350m）的 110m 桩长的试桩静载荷试验采用的是桩梁式堆载支墩－反力架装置。天津滨海新区地区采用自平衡测试技术对 90m 超长钻孔灌注桩进行原位测试，滨海新区于家堡金融区则采用的是锚桩反力法。经过慎重比较，本工程最终选定锚桩反力法（图 15.6）。

图 15.6 第一批试桩静载试验装置实景

15.5 数据分析

15.5.1 第一批试桩

第一批 3 根试桩荷载 – 沉降曲线汇总于图 15.7。图 15.8 为试桩桩身轴力实测曲线，可以看出双套筒较好地消除了无效桩长段的桩侧摩阻力。图 15.9 为桩侧阻力计算图。通过桩身内力测试，试验标高（20.2m）处最大加载 40000kN，作用在设计桩顶标高处（0.2m）实际最大荷载平均值为 38000kN。3 根试桩在最大加载时均未达到破坏状态，且桩顶竖向荷载主要由桩侧阻力承受，桩侧阻力约占总荷载值的 97%，桩端荷载约占总荷载值的 3%。

15.5.2 第二批试桩

第二批 3 根试桩荷载 – 沉降曲线如图 15.10 所示，其代表性的桩身轴力实测分布曲线见图 15.11。3 根试桩在最大加载时均未达到破坏状态，且桩顶竖向荷载主要由桩侧阻力承担。

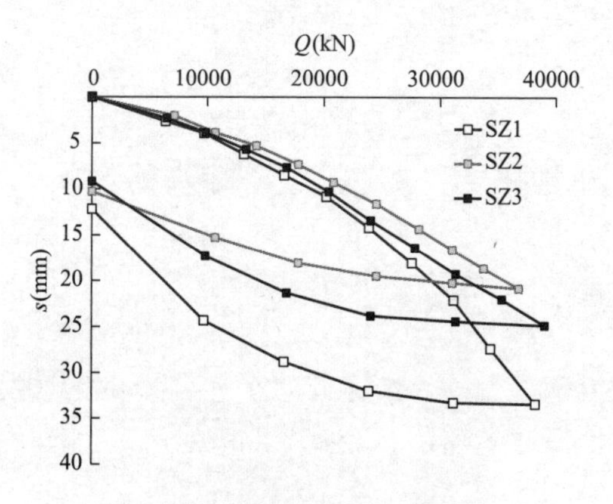

图 15.7　第一批试桩 *Q-s* 曲线

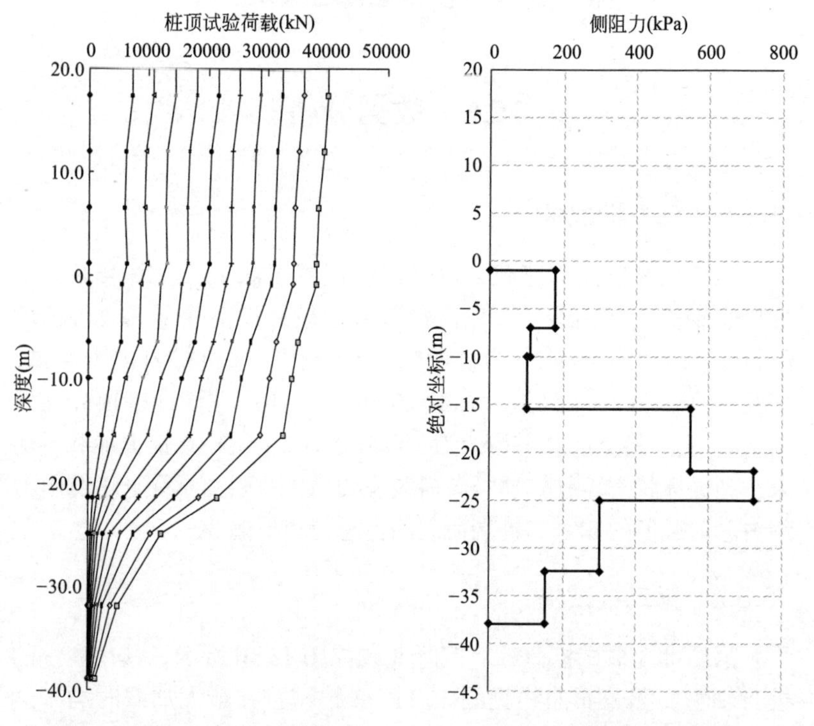

图 15.8　试桩桩身轴力实测曲线

图 15.9　桩侧阻力计算图

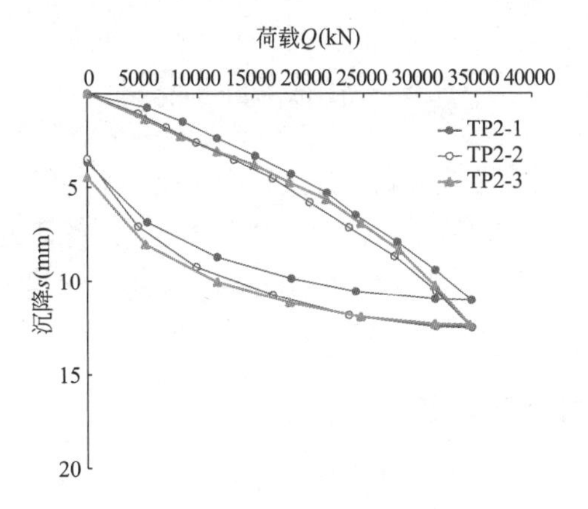

图 15.10 第二批试桩 *Q-s* 曲线

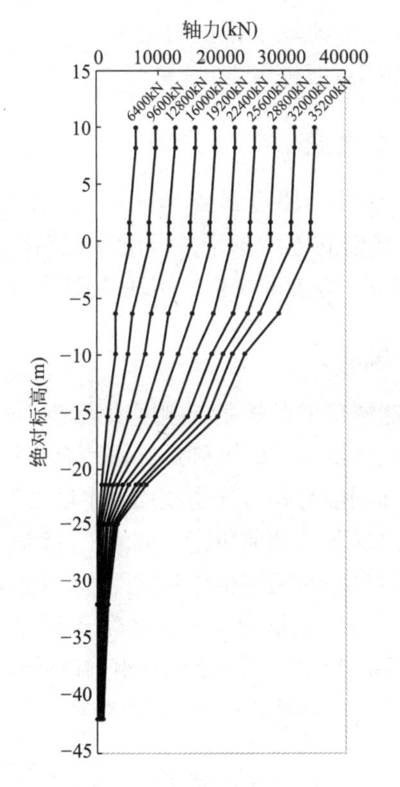

图 15.11 实测桩身轴力分布

15.6 桩筏协同设计

北京中信大厦桩筏基础设计过程中，应用土与结构相互作用原理，将主塔楼与其相邻裙房作为一个整体进行系统研究与分析，遵循差异沉降控制与协调的设计准则并综合运用“变基桩刚度、变筏板基础刚度、变相对刚度”调控沉降差异的设计核心思路。

15.6.1 基桩刚度之变

合理选择桩端持力层并优化设计桩长、桩径和桩间距。工程桩主要包括三种类型：主塔楼的核心筒和巨型柱区域为 P1 型（桩径 1200mm、桩长 44.6m），主塔楼其他区域为 P2 型（桩径 1000mm、桩长 40.1m），塔楼与纯地下室间过渡桩为 P3 型（桩径 1000mm、桩长 26.1m，为边缘过渡桩）。

15.6.2 基础刚度之变

主塔楼筏板基础的厚度最终为 6.5m，东西两侧裙房（地下室共 7 层）筏板基础的厚度基于差异沉降控制准则而最终确定为 2.5m，中间设置 4.5m 厚度的筏板，实现基础刚度的过渡。

15.6.3 相对刚度之变

（1）东西两侧裙房的筏板基础刚度适当增强的同时，弱化基桩支承刚度，基于差异沉降控制准则最终取消全部抗浮桩。（2）主塔楼与东西裙房基础刚度之相对强弱调控，主塔楼为桩筏基础，东西两侧裙房采用天然地基，如前所述，取消了抗浮桩。（3）在主塔楼筏板基础刚度增强且东西两侧裙房基础刚度弱化的同时，合理调控主塔楼抗压基桩的竖向支承刚度，最终确定第 12 大层（下卧第 13 大层黏性土层），通过调整其桩径与桩距且以桩长短之变以有效控制总沉降量和核心筒与巨柱之间差异沉降。

15.6.4 适度增强主塔楼基础刚度

充分发挥筏板基础 – 地基土 – 基桩的整体协调性，实现筏板（强）– 地基土（弱）– 基桩（亦强亦弱）的最优相对刚度。

桩筏协同设计“变基桩刚度、变筏板基础刚度、变相对刚度”调控沉降差异的设计核心思路如图 15.12 所示。变基桩刚度、变基础刚度、变相对刚度，在设计过程中，需要统筹兼顾、因地制宜，不可偏废，方可实现最优化设计。

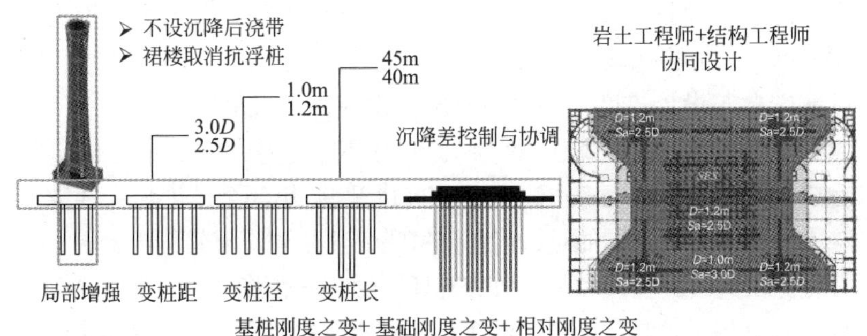

图 15.12 桩筏协同设计核心概念图示

第 16 讲　试桩实例：上海中心大厦

16.1　桩型选择

上海中心大厦位于上海浦东新区陆家嘴金融中心区，塔楼地上 121 层，建筑高度 632m，高且重，“预估单桩承载力极限值大于 20000kN，对桩基础的承载力和变形控制都提出了较高的要求，桩型的选择与设计难度大，对桩基施工也提出了挑战”[1]。

上海金茂大厦（地上 88 层）、上海环球金融中心（地上 101 层）皆成功采用钢管桩（表 16.1），与 20 世纪 90 年代金茂大厦、环球金融中心建设时所不同的是，当前陆家嘴已逐步建设成繁华金融区，钢管桩施工过程的噪声和挤土效应等环境影响问题将非常突出，且钢管桩的造价相对较高。因此，本工程采用钢管桩桩型的制约因素较多。

上海地区自 2000 年以来桩端后注浆灌注桩的应用趋势及范围进一步加大，陆家嘴区域数十项工程成功采用桩端后注浆灌注桩技术，其施工工艺、设计方法和工程实践都较成熟。根据收集到的桩径 850 ~ 1200mm 大直径桩端后注浆灌注桩共 8 个工程的 20 根试桩，其中 5 个工程以⑦$_2$层为持力层，3 个工程以⑨层为持力层。采用成熟的后注浆工艺可提高承载力并减小沉降，且造价也远低于钢管桩，后注浆灌注桩成为上海中心可供选择的桩型之一。

超高层建筑桩型比较[2-3]　　**表 16.1**

工程参数	上海金茂大厦	上海环球金融中心	上海中心大厦
地上层数（层）	88	101	121
总荷载（kN）	约 300 万	约 440 万	约 800 万
主楼底板面积（m^2）	3519	6200	8362
平均基底压力(kPa)	852.5	709.7	956.7
筏板厚度（m）	4.0	4.5	6.0

续表

工程参数	上海金茂大厦	上海环球金融中心	上海中心大厦
埋深（m）	18.45	19.65	30.0
桩型	钢管桩 ϕ914.4×20mm（壁厚）	钢管桩 ϕ700×19mm（壁厚）	后注浆钻孔灌注桩 ϕ1000mm
有效桩长（m）	65	60	52，56（核心筒内）
桩端入土深度（m）	83	79	82，86（核心筒内）
单桩承载力（kN）	7500	4300	R_a=10000
总桩数（根）	429	1177	955

建设场地地层分布的特点在于地表以下30m范围为黏性土，其下为深厚的第⑦层粉细砂层和第⑨层细砂层，第⑦层与第⑨层直接相连，缺失上海地区常见的第⑧层黏土夹粉砂层，第⑦层粉细砂厚约35m；第⑨层细砂厚约45m，而且$⑦_2$层和$⑨_2$层的砂层均十分密实，标准贯入击数均大于50，对承载力的提供与变形的控制较为有利，地层分布见图16.1。根据单桩承载力的估算，桩端需进入砂层一定深度才能满足单桩承载力和布桩的需求。因此结合上海中心周边的金茂大厦和上海环球金融中心两幢超高层建筑的经验，上海中心需选择$⑨_2$层含砾中粗砂层为桩基持力层，桩端埋深约80m，有效桩长约50m。

16.2 试桩设计

上海中心试桩桩径为1000mm，桩端埋深88m，桩端持力层为$⑨_{2-1}$层粉砂夹中粗砂层。桩身混凝土强度等级为C50。4根试桩中，2根为桩侧桩端联合后注浆桩（SYZA01、SYZA02），1根为桩端后注浆桩（SYZB01），1根为常规灌注桩（SYZC01），试桩概况如表16.2所示。试桩采用双层钢套管隔离约25m基坑开挖段桩身与土体的接触，以直接测试有效桩长范围内的桩基承载变形性状。双层钢套管设置如图16.1所示。采用锚桩法加载，4根试桩，共设置9根锚桩，试桩与锚桩布置见图16.2。

注浆水泥采用P.O42.5，水灰比为0.55。单根桩桩端后注浆水泥用量为2.5t，桩侧注浆桩则设置4个注浆断面（设置位置如图16.1所示），每道断面注浆水泥用量为0.5t。

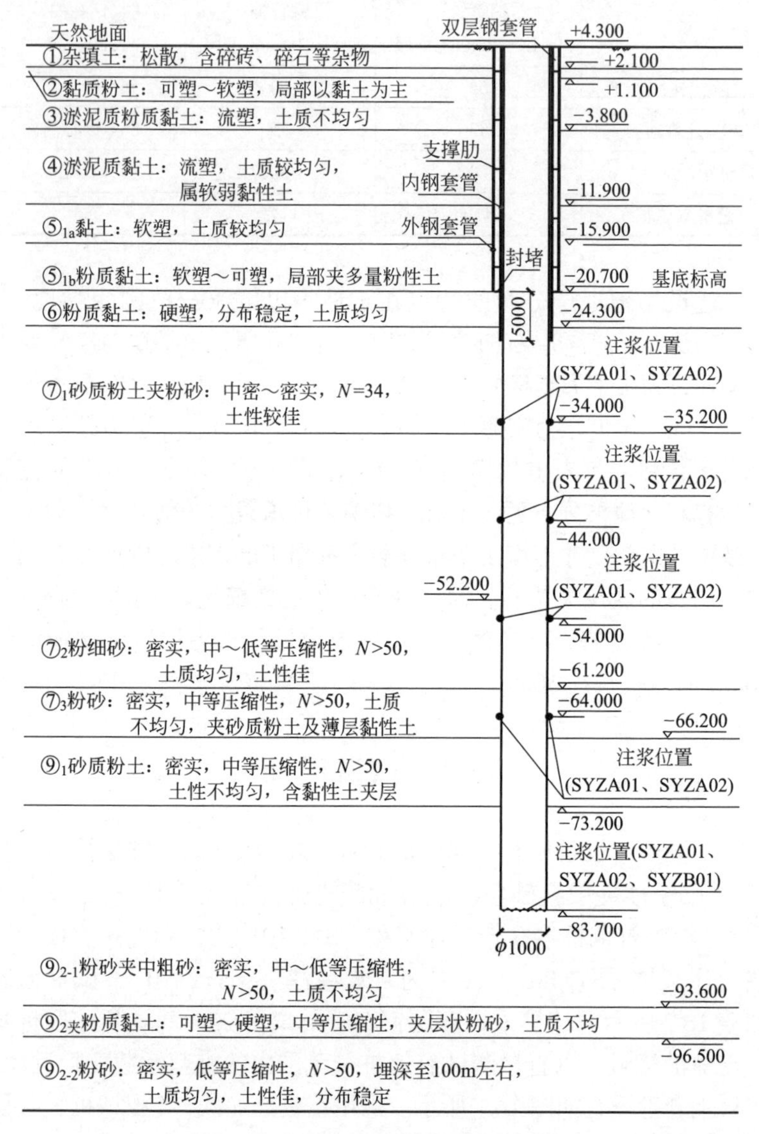

图16.1 试桩与地层配置关系示意图

表 16.2 试桩概况

试桩编号	桩径（m）	施工桩长（m）	有效桩长（m）	试桩类型
SYZA01	1.0	88	63	桩侧桩端联合后注浆
SYZA02	1.0	88	63	
SYZB01	1.0	88	63	桩端后注浆
SYZC01	1.0	88	63	常规灌注桩

试桩施工采用GPS-20型钻机、三翼双腰箍钻头、6BS型砂石泵、ZX-250型泥浆净化装置、优质纳基膨润土人工造浆，对于黏土层、砂土层分别采用正循环、泵吸反循环成孔工艺。静载试验前，进行成孔质量、声波及低应变检测，结果表明成孔指标满足建筑桩基检测技术规范要求，桩身完整无缺陷。

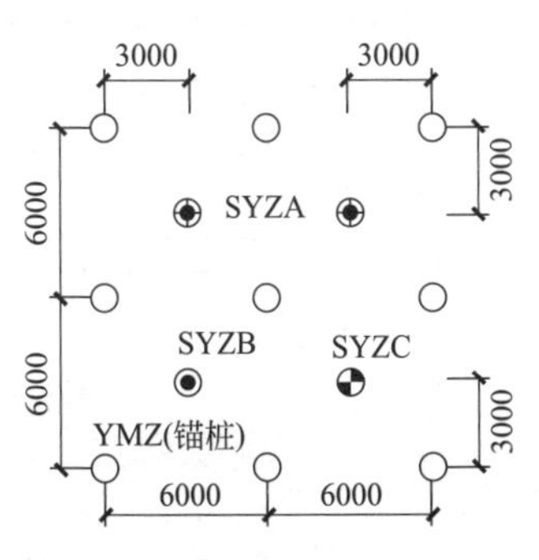

图 16.2 试桩与锚桩平面布置

16.3 试桩分析

16.3.1 试验分析

各试桩桩顶、桩身 -52.2m 及桩端处的 *Q-s* 曲线见图 16.3。单桩静载试验表明，3 根后注浆桩的承载力均超过了 24000kN 的极限承载力要求，而常规灌注桩（SYZC01）的承载力远低于上述值。试桩 SYZA02、SYZB01 极限承载力分别为 26000kN、28000kN；试桩 SYZA01 因内外钢套管粘结而失去隔离作用，加载至最大荷载等级时，*Q-s* 曲线未出现拐点，则其极限承载力不小于 30000kN；试桩 SYZC01 极限承载力仅为 8000kN。

由图 16.3 可知，试桩加载至破坏前，*Q-s* 曲线均为缓变型，沉降近似呈线性发展；试桩 SYZA02、SYZB01 和 SYZC01 达到破坏荷载时，桩顶、桩身 -52.2m 和桩端处同时出现位移急剧增大现象，且3个位置沉降量相近，表明桩体发生刺入破坏。破坏荷载作用下，试桩SYZA02、SYZB01刺入变形量约为70mm，而试桩SYZC01达125mm。表明产生较大刺入变形试桩皆在最大加载值下达到破坏，可明确判定地基土对桩身的极限支承力（包括侧阻力和端阻力）。

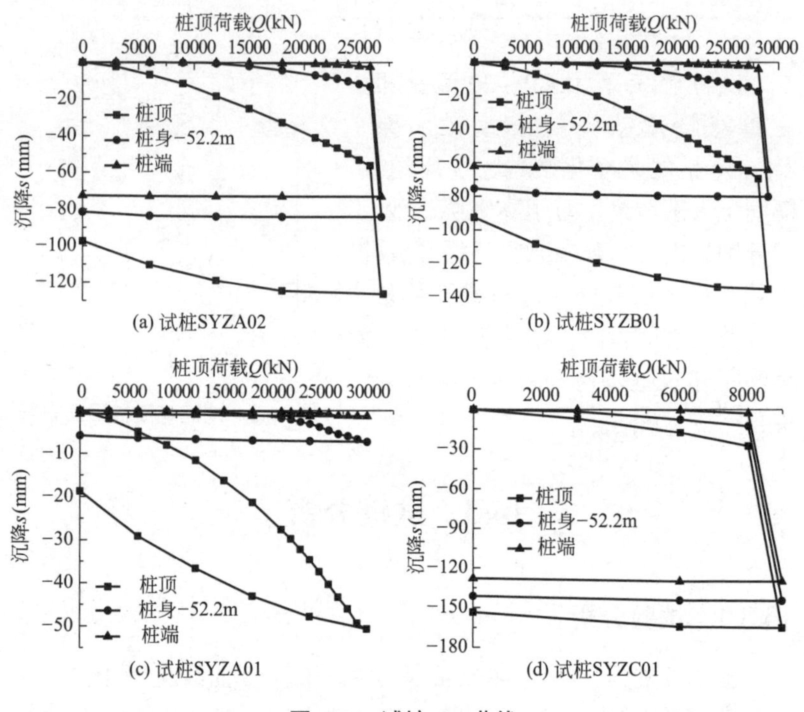

图16.3 试桩Q-s曲线

各后注浆试桩桩顶处Q-s曲线如图16.4所示。在相同荷载下，就沉降而言，桩侧桩端联合后注浆桩SYZA02小于桩端后注浆桩SYZB01，且桩身–52.2m及桩端处产生沉降时所需桩顶荷载水平，试桩SYZA02大于SYZB01，表明桩侧桩端联合后注浆桩控制沉降变形优于桩端后注浆桩。由图16.5可见，相同桩顶荷载作用下，常规桩SYZC01沉降远大于后注浆桩，表明后注浆可有效改善钻孔灌注桩承载性状。

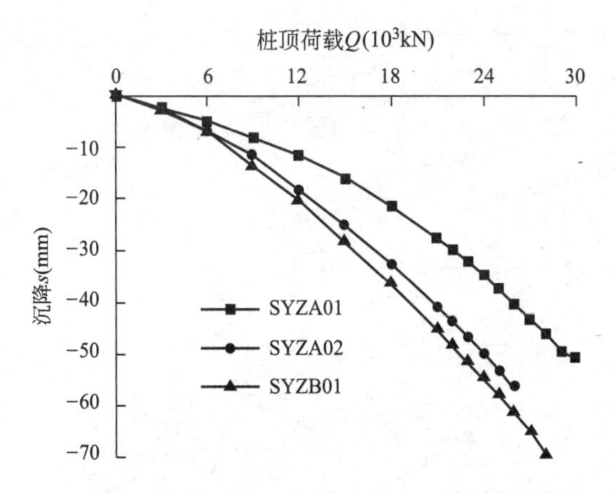

图 16.4 各后注浆试桩桩顶处 Q-s 曲线比较

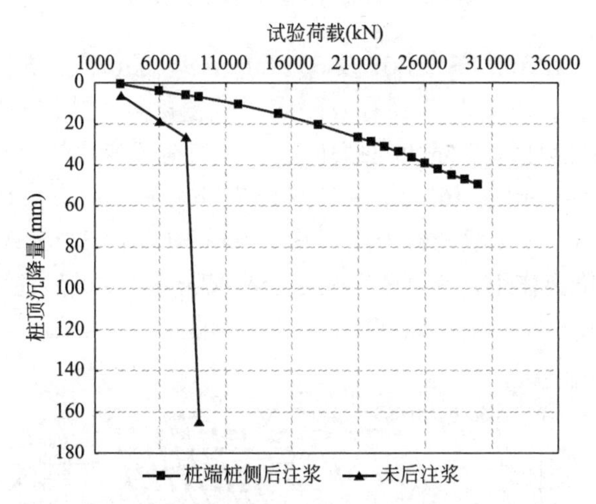

图 16.5 后注浆与否试桩 Q-s 曲线比较[5]

16.3.2 桩身轴力

为获得桩身轴力实测数据，沿试桩桩身设置分布式光纤和应变计量测桩身应变（图 16.6）。分布式光纤应变测试沿桩身每 5cm 采集一个数据，可实现桩身连续量测，将光纤量测的桩身应变值进行换算可得桩身轴力。

图 16.6　分布式光纤与应变计安装

试桩 SYZA02、SYZB01 及 SYZC01 在埋深 0 ~ −25m 段桩身轴力无变化，表明双套管有效隔离了桩土接触。试桩 SYZA01 和 SYZA02 沿桩身每隔 5m 取轴力值绘制其随荷载变化的分布曲线如图 16.7 所示，由图 16.7（a）与图 16.7（b）曲线形态对比可以看出，试桩 SYZA01 双套管未能有效发挥隔离作用。试桩 SYZA01 双套管失去隔离作用，其沉降明显小于两根隔离成功的后注浆桩，表明未隔离试桩将高估工程桩控制沉降变形能力。

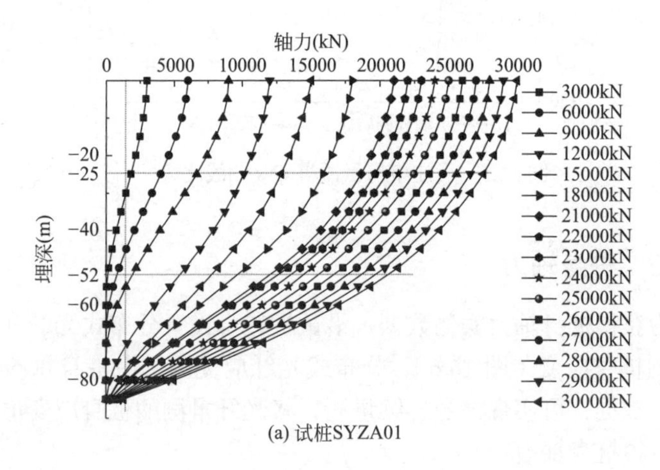

(a) 试桩SYZA01

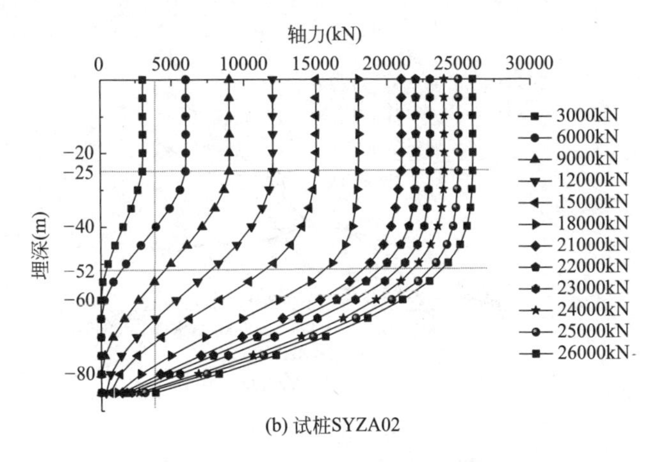

(b) 试桩SYZA02

图 16.7 试桩 SYZA 桩身轴力分布曲线

16.3.3 桩侧阻力

如图 16.8 所示，埋深 25m、35m、50m、65m、75m、82m 分别表示桩体处于粉质黏土⑥层、砂质粉土$⑦_1$层、粉细砂$⑦_2$层、粉砂$⑦_3$层、砂质粉土$⑨_1$层、粉砂$⑨_2$层的截面位置。

粉质黏土⑥层、砂质粉土$⑦_1$层的桩侧阻力虽然发挥较早，但增长幅度较小，软化特征明显；试桩 SYZA02 的粉细砂$⑦_2$层较早发挥，加载至 15000kN 对应其峰值，之后呈软化特征，试桩 SYZB01 的粉细砂$⑦_2$层的侧阻力持续增长，加载至 18000kN 之后超过 SYZA02；$⑦_3$层、$⑨_1$层、$⑨_2$层桩侧阻力随桩顶荷载增加增长较快，且极限荷载下侧阻力值远大于⑥、$⑦_1$土层。

试桩 SYZA02、SYZB01 采用双套管有效隔离了基坑开挖段桩土接触，能够较真实地反映工程桩有效桩长范围内侧摩阻力发挥及软化特性，大直径超长灌注桩桩侧阻力发挥性状受土层性质及土层埋深影响，是异步发挥过程。

文献［6］指出黏性土层中桩侧摩阻力充分发挥需要的桩土相对位移为 5 ~ 10mm，砂性土层中为 10 ~ 20mm。本次试验结果表明黏性土中桩侧摩阻力充分发挥所需桩土相对位移小于 5mm，砂性土中小于 10mm。本次试验表明后注浆类型及加载方式将影响极限

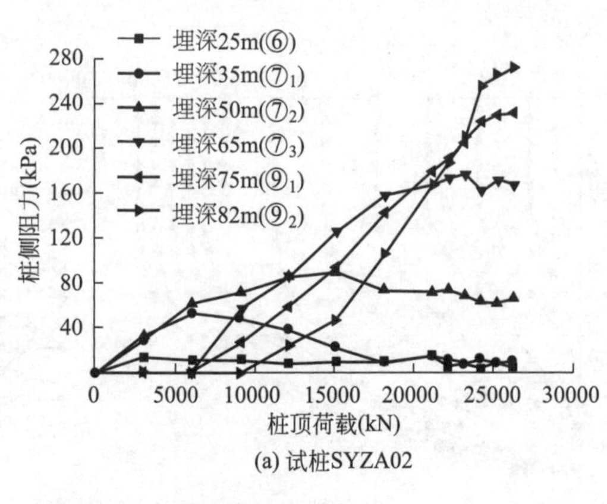

(a) 试桩SYZA02

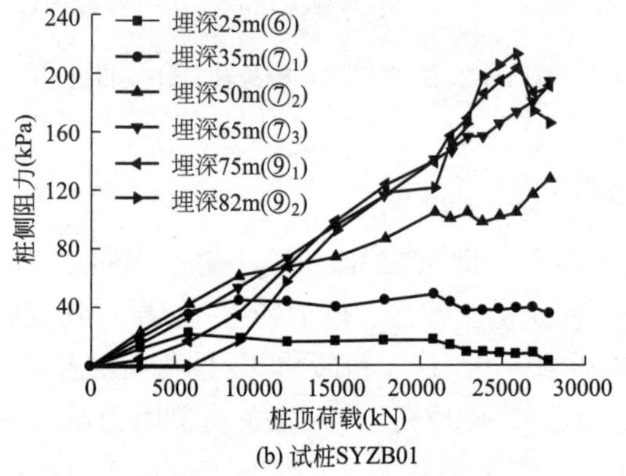

(b) 试桩SYZB01

图 16.8　不同埋深处侧阻力随荷载等级变化对比

侧摩阻力的发挥与桩土相对位移值大小，相关分析详见文献［4］。

16.3.4　桩端阻力

根据桩身轴力测试结果，把桩端附近测得的桩身轴力作为桩端阻力，则各试桩在极限荷载下的桩端阻力及端阻比统计结果见表 16.3。

极限荷载下各试桩桩端阻力及端阻比统计　　　表 16.3

试桩编号	桩侧阻力（kN）	桩端阻力（kN）	端阻比（%）	桩端沉降（mm）
SYZA02	22598	3402	13.1	2.4
SYZB01	24175	3825	13.7	4.0

续表

试桩编号	桩侧阻力（kN）	桩端阻力（kN）	端阻比（%）	桩端沉降（mm）
SYZA01	29119	881	2.9	1.3
SYZC01	7838	162	2.0	2.8

由表16.3可知，极限荷载下，试桩SYZA02、SYZB01桩端阻力均达到3400kN以上，而桩端位移仅为2.4mm、4.0mm，试桩SYZC01在桩端沉降相当的情况下，桩端阻力仅为162kN，表明桩端后注浆技术改善了灌注桩的桩端承载特性，大幅度提高了桩端土体的承载能力和变形特性，为桩端阻力的发挥提供了条件[2]；大直径超长灌注桩桩端分担荷载比例较小，即使采用桩端后注浆技术，在极限荷载下，其端阻比仍不足14%，表明大直径超长灌注桩承载性状表现为摩擦型桩。

将桩端阻力换算为桩端压力，试桩SYZA02、SYZB01均超过4300kPa，试桩SYZA02、SYZB01桩端阻力达到极限前，端阻－沉降曲线近似呈线性变化，达到极限端阻力后，桩端沉降陡增，表明桩端刺入桩端土中，发生刺入沉降变形。

16.3.5 桩身压缩

在试桩桩顶、桩端及有效桩长一半处（绝对标高–52.2m）量测各级荷载作用下的沉降量。极限荷载下各试桩桩身压缩量如表16.4所示。表中δ_1、δ_2分别为各试桩极限荷载下桩身–52.2m以上、以下桩段压缩量，而δ为整根桩压缩量，s为桩顶沉降量。

极限荷载下各试桩桩身压缩量　　表16.4

试桩编号	SYZA02	SYZB01	SYZA01	SYZC01
δ_1（mm）	43.2	52.0	43.4	15.2
δ_2（mm）	10.8	13.4	6.0	9.8
δ（mm）	54.0	65.4	49.4	25.0
δ_1/s（%）	76.6	74.9	85.6	54.9
δ_2/s（%）	19.1	19.3	11.8	35.4
δ/s（%）	95.7	94.2	97.4	90.3

由表 16.4 可知，试桩 SYZA02、SYZB01 桩身压缩量约占桩顶沉降量 95%，其中桩身 -52.2m 以上桩段压缩量约占桩顶沉降量的 75%，表明桩顶沉降主要由桩身压缩引起，且桩身上部分压缩量占主要部分。试桩 SYZC01 由于极限荷载较小而桩身压缩量较小，但桩身压缩量占桩顶沉降比例也达到 90.3%。因此，减少大直径超长灌注桩沉降应以控制桩身压缩为主，提高桩身刚度将有效地减小桩的沉降变形。

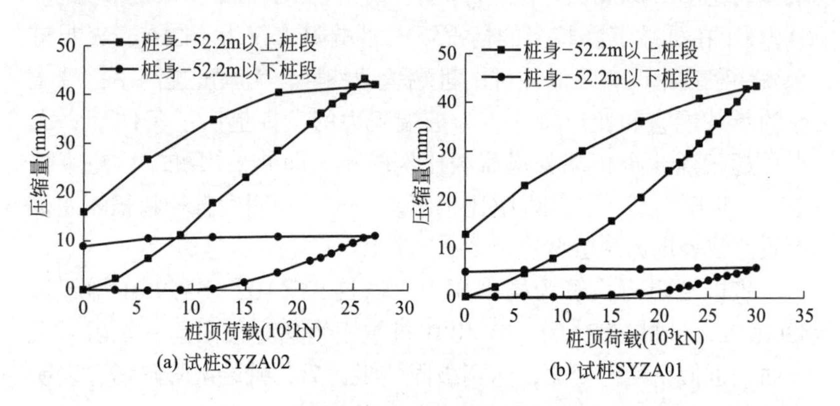

图 16.9　试桩桩身压缩量随桩顶荷载变化曲线

试桩 SYZA02 和 SYZA01 桩身 -52.2m 以上、以下桩段压缩量随桩顶荷载变化曲线如图 16.9 所示，桩身上半段压缩曲线基本呈线性，主要表现为混凝土的弹性压缩；SYZA02 桩身 -52.2m 以下桩段的桩身压缩量明显大于 SYZA01；桩身 -52.2m 以下桩段卸载回弹量很小，考虑到该桩段轴力较小，桩身主要发生弹性变形，"表明试桩在卸载回弹过程中，将受桩侧土体反向摩擦约束作用。因此，不应将未回弹的部分全部归为桩身塑性压缩分量，否则将高估桩身结构的塑性压缩变形。"[4]

16.4　桩基设计

根据试桩静载试验，钻孔灌注桩工艺在该地块施工可行，在桩底注浆即可保证桩承载能力，因此确定上海中心大厦工程桩采用桩径 1000mm、有效桩长 52m/56m、施工桩长 82.7m/86.7m、仅桩底注浆、桩身混凝土强度等级为水下 C45 的钻孔灌注桩，单桩承载力确定为 10000kN。桩的布置按照变刚度调平的概念设计，核心筒及周边 6m 范围为核心区，有效桩长 56m，梅花形布置，巨柱区域内有效桩长 52m，梅花形布置，其余区域有效桩长 52m，正方形布置。这三者构成的桩承载密度大致为 1.24：1.15：1[2]。桩位布置见图 16.10。

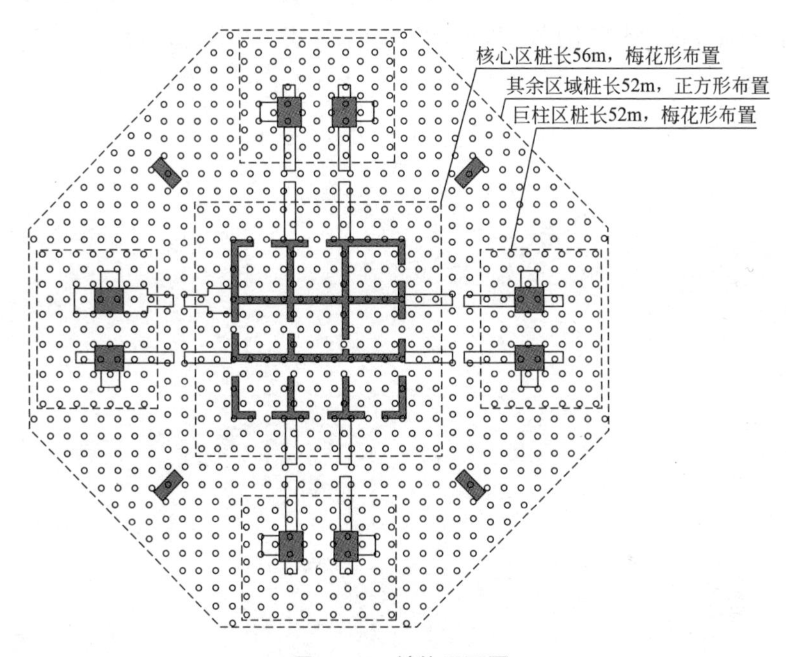

图 16.10 桩位平面图

参考文献

[1] 王卫东，吴江斌．上海中心大厦桩型选择与试桩设计［J］．建筑科学，2012，28（S1）：303-307.

[2] 姜文辉，巢斯．上海中心大厦桩基础变刚度调平设计［J］．建筑结构，2012，42（6）：132-134.

[3] 袁聚云，孔娟，赵锡宏，等. 上海中心大厦桩筏基础的安全性分析与评价 [J]. 岩土力学，2011，32 (11)：3319–3324.

[4] 王卫东，李永辉，吴江斌. 上海中心大厦大直径超长灌注桩现场试验研究 [J]. 岩土工程学报，2011，33 (12)：1817–1826.

[5] 孙宏伟. 京津沪超高层超长钻孔灌注桩试验数据对比分析 [J]. 建筑结构，2011，41 (9)：143–146.

[6] 赵春风，鲁嘉，孙其超，等. 大直径深长钻孔灌注桩分层荷载传递特性试验研究 [J]. 岩石力学与工程学报，2009，28 (5)：1020–1026.

第17讲　试桩实例：天津高银117大厦

天津高银117大厦位于天津市高新区，建筑高度597m，共117层，基坑开挖深度约26m。结构体系复杂，传递至基础的荷载大，平均基底压力超过1100kPa，对地基承载力和沉降要求严格，拟采用超长钻孔灌注桩，预估单桩承载力不小于12000kN。工程建设场地内埋深100m范围内为粉土与粉质黏土互层，中间夹有多层厚度变化较大的砂层，但缺乏深厚、密实的砂层作为持力层。为指导桩基的设计与施工，开展试桩试验研究。

试桩设计分两个阶段，进行了两期试桩现场试验[1]，共8根试桩。为确定桩端持力层与承载力，现场第一组试桩两根试桩桩端进入⑩$_5$粉砂层，两根试桩桩端进入⑫$_1$粉砂层，进行了不同持力层的桩基承载力对比试验。在第一期试桩结果的基础上，第二期试桩两根试桩采用桩端桩侧联合注浆，两根试桩采用桩端后注浆。试验过程中对桩身轴力与桩身变形进行了量测，对试桩的桩基承载力与变形控制能力进行了对比。

基于天津高银117大厦试验桩工程，系统分析和研究了深厚砂土超深钻孔泥浆控制、超大长径比桩孔垂直度控制、超长超重钢筋笼制作安装、超深水下浇筑高性能自密实混凝土、可塑至硬塑土层竖向高密度点位环形注浆、超长双护筒设计与施工等关键技术及成果[2]。

试桩成果为天津高银117大厦的工程桩设计提供依据，同时可为天津地区的超长钻孔灌注桩的实践提供参考。

17.1　地质条件

天津市区地处海河下游，属冲积、海积低平原。本工程所处场地表层2～5m为人工堆积层，基坑开挖范围内为黏性土、粉土、砂土交互地层，基底以下至最大勘探深度 196.4m 间以黏性土、粉土为主，中间夹有多层厚度变化较大的砂层，地层分布具体见图 17.1。

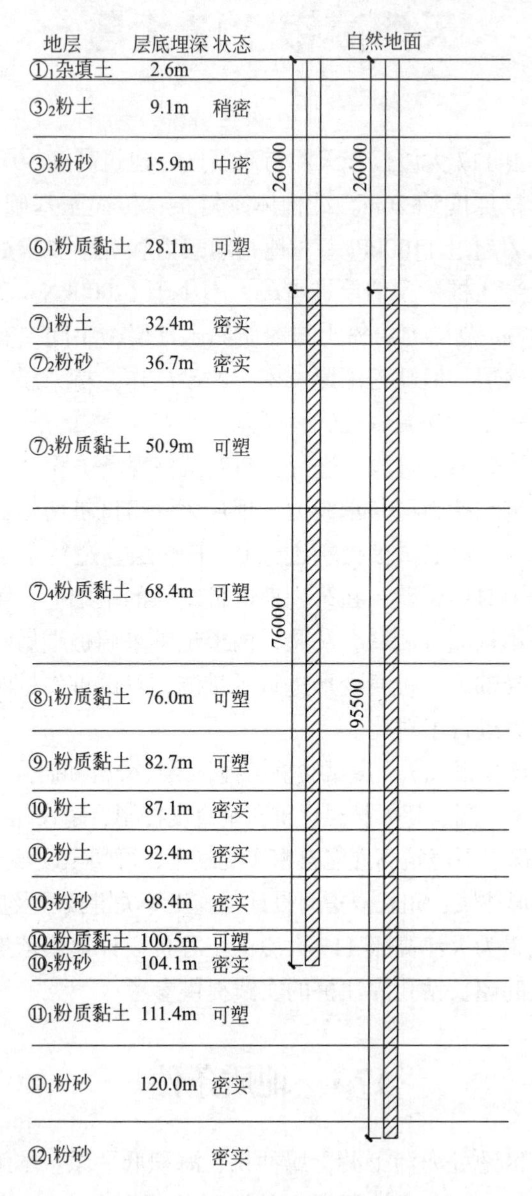

图 17.1 土层及试桩剖面图

⑫$_1$粉砂层，层顶埋深为116 ~ 120m，层厚3.2 ~ 6.9m，压缩模量平均值E_{s1-2}为21.41MPa，标准贯入试验锤击数N为152击，工程性质良好，分布稳定，可作为本工程桩基础方案的备选桩端土层。⑫$_1$粉砂层埋深较深，以⑫$_1$粉砂层为持力层，有效桩长达95.5m。

⑩$_5$粉砂层，层顶埋深98 ~ 103m，厚度1 ~ 6m，压缩模量平均值E_{s1-2}为20.67MPa，标贯击数N为122击，亦可作为本工程基础方案的备选桩端土层，但需进行试桩静载试验进行承载力验证。

17.2 第一期试桩

17.2.1 试验方案

现场第一组试验包括4根试桩，试桩桩径皆为1000mm，其中试桩D9、D12以⑩$_5$粉砂层为桩端持力层，有效桩长为76m，试桩施工深度约为100m。试桩D3、D6以⑫$_1$粉砂层为桩端持力层，有效桩长为95.5m，试桩施工深度为120m。试桩桩身强度等级为C50，皆采用桩端桩侧联合注浆工艺，后注浆采用普通硅酸盐水泥，水灰比0.3 ~ 0.7。四根试桩的设计最大加载等级皆为42000kN，其中试桩D3、D9、D12采用分级加载，试桩D6采用循环加载，即先分级加载至设计最大加载等级的一半（21000kN），卸载至零，再次分级加载至破坏荷载或设计最大加载等级。第一期的两组试桩概况如表17.1所示。

各试桩采用双层钢套管隔离基坑开挖段桩身与土体的接触，以直接测试有效桩长范围内的桩基承载力。同时在各试桩的桩顶、桩中以及桩端处设置沉降杆，对试验过程中各试桩的桩身位移进行量测。

第一期试桩参数　　表17.1

试桩编号	桩径（mm）	试桩桩长（m）	有效桩长（m）	桩端持力层	桩身强度等级
D3	1000	120.6	95.5	⑫$_1$	C50

续表

试桩编号	桩径（mm）	试桩桩长（m）	有效桩长（m）	桩端持力层	桩身强度等级
D6	1000	120.5	95.5	⑫$_1$	C50
D9	1000	100.8	76.0	⑩$_5$	C50
D12	1000	101.1	76.0	⑩$_5$	C50

17.2.2 试验结果

试桩 D3 的桩顶、有效桩顶的静载试验曲线如图 17.2 所示，其有效桩长为 95.5m。试桩 D9 的桩顶、有效桩顶、有效桩中及桩端的静载试验曲线见图 17.3，其有效桩长为 76.0m。各试桩 *Q-s* 曲线皆呈缓变型，其极限承载力不低于 42000kN，满足本工程单桩承载力设计要求。

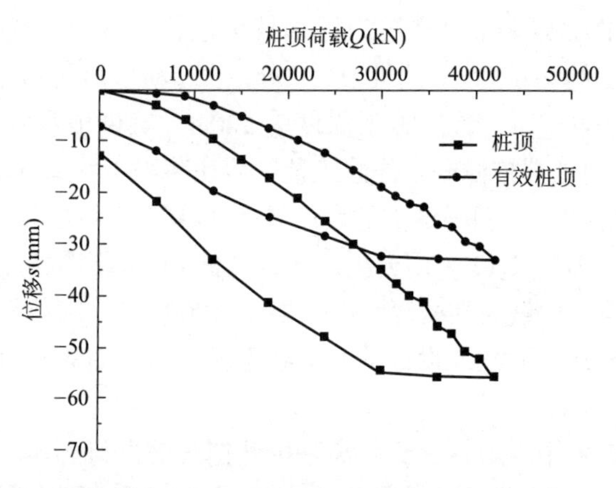

图 17.2 试桩 *Q-s* 曲线（有效桩长 95.5m）

试桩载荷试验主要结果见表 17.2，在最大加载值作用下，各试桩的平均桩顶沉降 54.4mm，平均桩身回弹率为 74.7%，采取后注浆技术的大直径超长灌注桩具有良好的承载性能。各试桩在最大荷载作用下的桩身压缩量汇总列入表 17.3，各试桩的桩端沉降 2.62 ~ 6.95mm，桩身压缩比在 85% 以上，大直径超长钻孔灌注桩的桩顶沉降以桩身压缩为主。

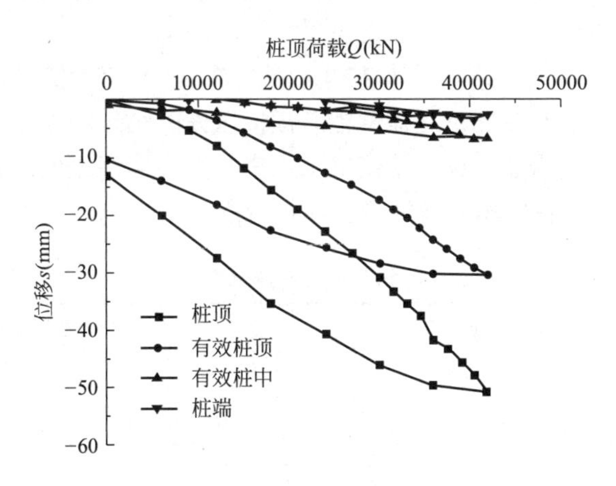

图 17.3 试桩 *Q-s* 曲线（有效桩长 76.0m）

第一组试桩载荷试验结果汇总 表 17.2

试桩编号	极限承载力（kN）	桩顶沉降（mm）	桩顶残余沉降（mm）	回弹率（%）	桩端持力层
D3	＞42000	55.72	13.93	75.0	⑫$_1$
D6	＞42000	58.92	11.26	80.9	
D9	＞42000	50.54	13.48	73.3	⑩$_5$
D12	＞42000	52.25	15.89	69.6	

各试桩在最大荷载作用下的桩身压缩量汇总 表 17.3

试桩编号	桩长（m）	最大加载值（kN）	沉降（mm）		桩身压缩比（%）
			桩顶	桩端	
D3	120.6	42000	55.72	—	—
D6	120.5	42000	58.92	5.16	91.2%
D9	100.8	42000	50.54	2.62	94.8%
D12	101.1	42000	52.25	6.95	86.7%

试桩进行了钻孔取芯以检测桩身质量，其结果表明桩身质量完

好，混凝土芯样呈灰色柱状、坚硬、灰量正常、搅拌均匀、表面光滑、断口吻合。

芯样抗压试验结果见表17.4，除试桩D3取芯无侧限抗压强度平均值略小于50MPa，其他试桩芯样抗压试验结果均大于混凝土强度等级值，表明该现场试验试桩水下浇筑高强度等级的混凝土是成功的，故工程桩实施时应重点关注桩身混凝土浇筑施工质量。

试桩钻孔取芯抗压强度值 **表17.4**

试桩编号	混凝土强度等级	试验组数	无侧限抗压强度（MPa）		
			最小值	最大值	平均值
D3	C50	17	29.69	65.69	48.98
D6		7	54.82	69.15	61.35
D9		4	52.90	68.90	62.46
D12		9	53.39	69.63	64.32

第一期试桩试验初步验证了超长钻孔灌注桩的施工可行性，两种持力层的试桩皆满足承载力要求，后注浆超长钻孔灌注桩的承载力由桩身强度控制，在设计最大加载等级42000kN下，以⑩$_5$层为桩端持力层桩基的承载力与变形控制能力即可满足要求。

17.3 第二期试桩

17.3.1 试验方案

在第一期试桩试验结果的基础上，第二组试桩皆以⑩$_5$层为桩端持力层，有效长度76m。第二组试桩试验包括4根试桩，试桩桩径皆为1.0m，桩身强度等级为C50。其中，试桩S1、S2为桩端桩侧联合后注浆，S3、S4为桩端后注浆，后注浆采用普通硅酸盐水泥，水灰比0.3 ~ 0.7。4根试桩的设计最大加载等级皆为42000kN，均采用循环加载方式。

各试桩采用双层钢套管以直接测试有效桩长范围内的桩基承载

力，同时沿桩身埋设钢筋应力计，以量测试验加载过程中的桩身轴力情况。各试桩均在桩顶、桩中以及桩端处设置沉降管，对试验过程中各试桩的桩身位移进行量测。

第二期的两组试桩概况如表 17.5 所示。

第二期试桩概况　　**表 17.5**

试桩编号	桩径（mm）	试桩桩长（m）	有效桩长（m）	桩身强度等级	备注
S1	1000	98.5	76.0	C50	桩端、桩侧联合后注浆
S2	1000	98.3	76.0	C50	
S3	1000	98.3	76.0	C50	桩端后注浆
S4	1000	98.6	76.0	C50	

17.3.2　试验结果

1）荷载 – 位移曲线（Q-s 曲线）

图 17.4 所示为第二组试桩的桩顶、有效桩顶、有效桩中及桩端的 Q-s 曲线。试桩 S4 在桩顶加载至 39000kN 时，发生刺入破坏，极限承载力为 37500kN，其余试桩 Q-s 曲线均为缓变型，极限承载力不低于 42000kN。

对于同一试桩，两次加载的 Q-s 曲线存在差异，试桩首次加载（加载至 21000kN）时各截面沉降值大于其卸载再加载（加载至 42000kN）至相同荷载时各截面沉降值。

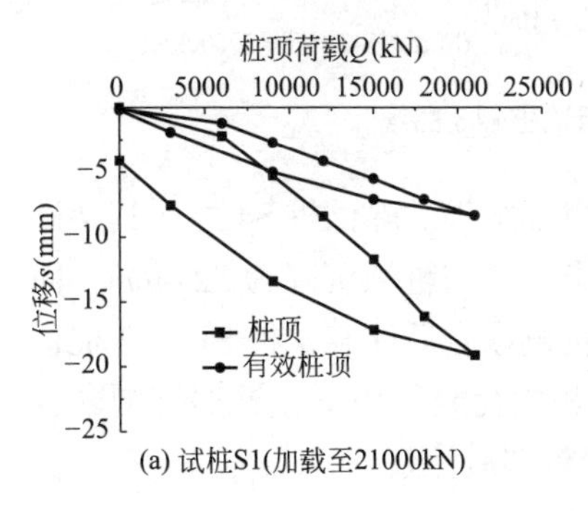

(a) 试桩S1(加载至21000kN)

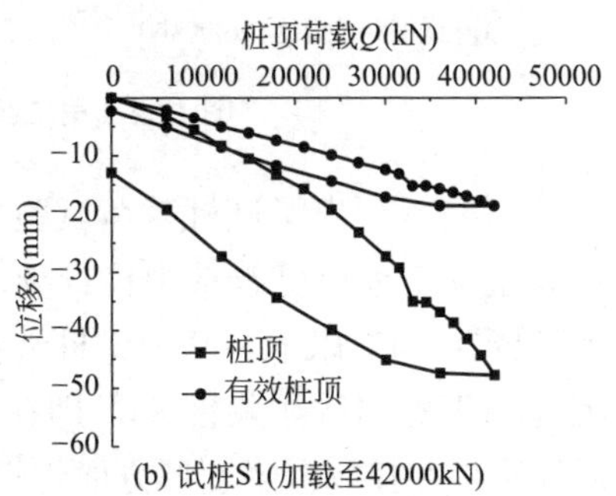

(b) 试桩S1(加载至42000kN)

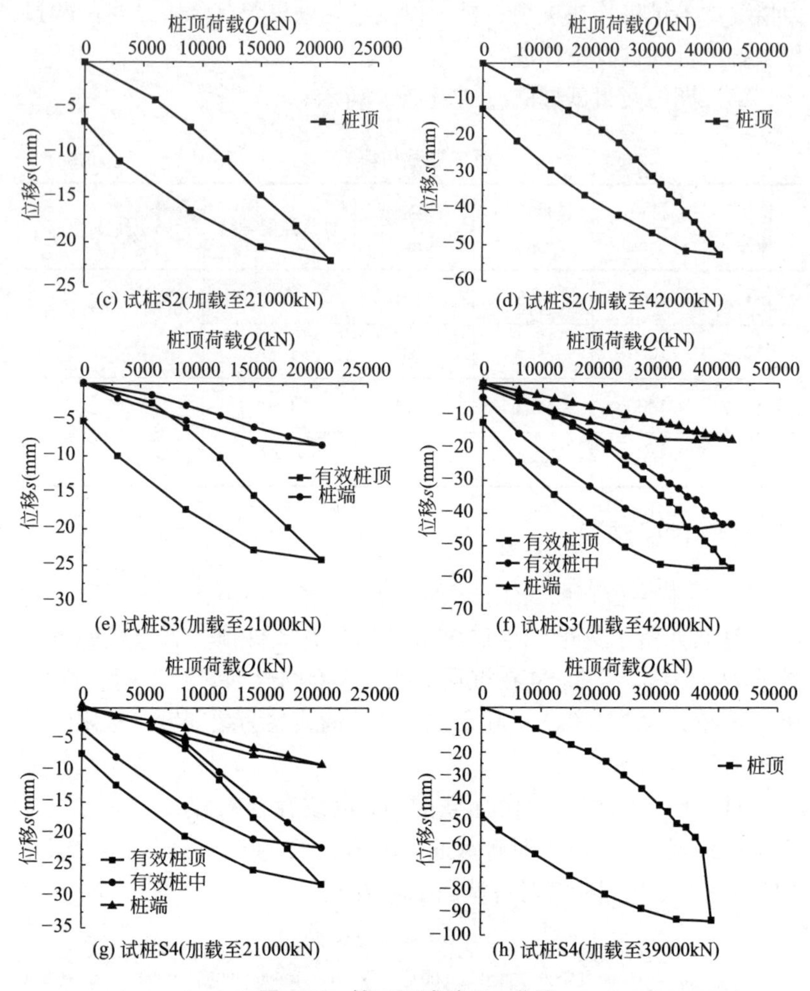

图 17.4 第二组试桩 *Q-s* 曲线

表 17.6 列出了试桩载荷试验主要结果。除试桩 S4 外，其余试桩满足本工程单桩承载力设计要求，平均桩顶沉降为 52.4mm，回弹率皆在 70% 以上。其中，桩端桩侧联合后注浆试桩 S1、S2 桩顶沉降小于桩端后注浆桩 S3。即在相同荷载作用下，桩端桩侧联合后注浆桩在控制沉降变形方面优于桩端后注浆桩。

试桩载荷试验结果汇总 表 17.6

<table>
<tr><th>试桩
编号</th><th>极限承载力
（kN）</th><th>桩顶沉降
（mm）</th><th>桩顶残余沉降
（mm）</th><th>回弹率
（%）</th><th>备注</th></tr>
<tr><td>S1</td><td>＞42000</td><td>47.62</td><td>12.02</td><td>74.8</td><td rowspan="2">桩端桩侧联合后注浆</td></tr>
<tr><td>S2</td><td>＞42000</td><td>52.54</td><td>12.52</td><td>76.2</td></tr>
<tr><td>S3</td><td>＞42000</td><td>56.96</td><td>13.21</td><td>76.8</td><td rowspan="2">桩端后注浆</td></tr>
<tr><td>S4</td><td>37500</td><td>—</td><td>—</td><td>—</td></tr>
</table>

除试桩 S4 外，各试桩在最大荷载作用下的桩身压缩量见表 17.7。在最大加载值作用下，各试桩桩顶沉降 47.62 ~ 56.96mm，桩端沉降 12.02 ~ 13.21mm，桩身压缩比，即桩身压缩量占桩顶沉降的比例在 70% 以上，大直径超长钻孔灌注桩的桩顶沉降主要由桩身压缩构成。

各试桩在最大荷载作用下的桩身压缩量汇总 表 17.7

试桩编号	桩长（m）	最大加载值（kN）	沉降（mm）		桩身压缩比（%）
			桩顶	桩端	
S1	98.5	42000	47.62	12.02	74.8
S2	98.3	42000	52.54	12.52	76.2
S3	98.3	42000	56.96	13.21	76.8

2）桩身轴力分布

4 根试桩在基坑开挖段桩身轴力基本无变化，表明双层钢套管成功隔离了开挖段桩土接触，为直接评价试桩有效桩长范围内的承载变形性状创造了条件。

大直径超长灌注桩桩身轴力随深度增加而减小，且减小幅度受桩周土性状的影响。比较试桩 S1、S2 与 S3 桩身轴力曲线（图 17.5）可知，在最大加载等级 42000kN 作用下，试桩 S1、S2 埋深 80m 处实测桩身轴力约 6000kN，小于试桩 S3 埋深 80m 处实测桩身轴力约 10500kN。桩侧后注浆改善了桩侧土体受力性能，从而影响了荷载桩身传递。

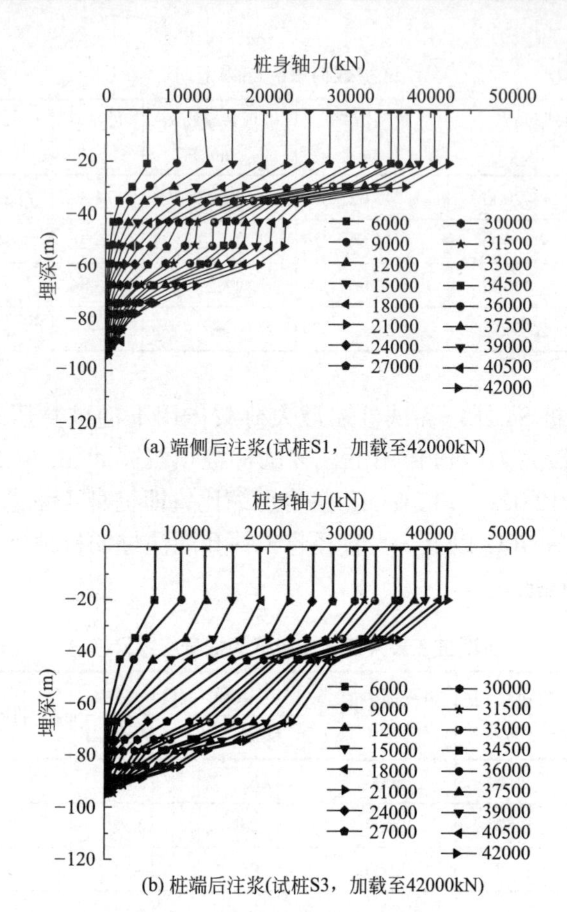

(a) 端侧后注浆(试桩S1，加载至42000kN)

(b) 桩端后注浆(试桩S3，加载至42000kN)

图 17.5 第二期试桩桩身轴力曲线

3）侧摩阻力分布与桩端阻力

图 17.6 为各级荷载作用下，各试桩的桩侧摩阻力分布曲线。大直径超长灌注桩的桩侧摩阻力发挥具有异步性，以试桩 S1 为例，桩顶荷载小于 15000kN 时，桩身上段侧摩阻力首先发挥，桩侧摩阻力最大值在埋深 40m 处，分布曲线呈单峰状。随着荷载水平的增加，下部土层侧摩阻力逐渐得到发挥，侧摩阻力分布曲线由“单峰”向“双峰”进行转变，桩身上部部分土层的侧摩阻力出现软化。

对比试桩 S1、S2 与试桩 S3 可以发现，试桩 S1、S2 桩身上部的桩侧摩阻力发挥值大于试桩 S3 桩身上部的桩侧摩阻力发挥值，而桩端附近，埋深 90 ~ 100m 处的桩侧摩阻力发挥值小于试桩 S3。S1、S2 采取了桩端桩侧联合后注浆，桩侧后注浆的浆液沿桩身上升，改善了桩身上部土层的力学性能，增加了桩侧摩阻力的发挥，实际承载力优于桩端后注浆桩 S3。

大直径灌注桩成孔后会产生应力释放，孔壁出现松弛变形，桩孔暴露时间越长，孔壁松弛效应越明显，导致桩侧摩阻力降低。试桩 S4 出于施工原因，成孔时间较长，且只采用了桩端后注浆，如图 17.6 所示，在相同荷载作用下，试桩 S4 桩身上部的侧摩阻力小

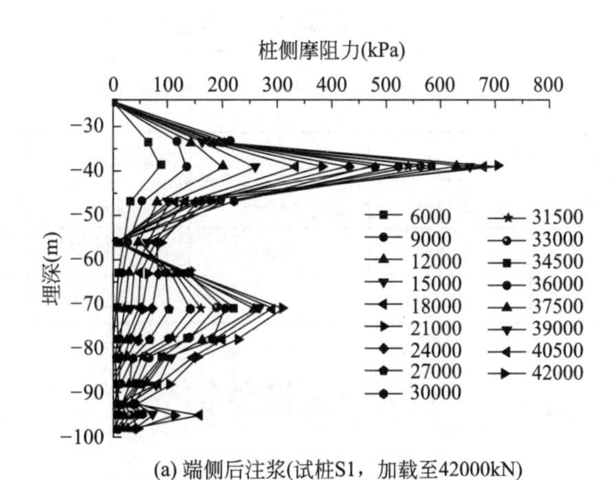

(a) 端侧后注浆(试桩S1，加载至42000kN)

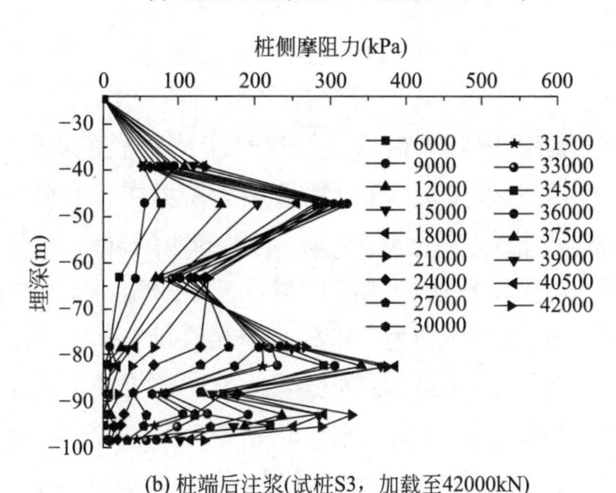

(b) 桩端后注浆(试桩S3，加载至42000kN)

图 17.6　第二组试桩桩身侧摩阻力曲线

于其余试桩，随着桩顶荷载的增加，桩端处侧摩阻力曲线逐渐展开，在桩顶荷载 39000kN 时发生刺入破坏。

将桩端附近测得的桩身轴力作为桩端阻力，则各试桩的桩端阻力与端阻比如表 17.8 所示，各试桩端阻比为 0.66% ~ 10.60%，呈摩擦桩。其中，桩端桩侧联合后注浆桩 S1、S2 端阻比不足 1%，桩端后注浆桩 S3 端阻比略大于试桩 S1、S2，为 2.35%。试桩 S4 在桩顶加载 39000kN 作用下发生刺入破坏，桩端发生较大位移，桩端阻力得到较大发挥，端阻比为 10.06%。

第二期试桩桩端阻力与端阻比　　表 17.8

试桩编号	桩径（mm）	桩顶加载（kN）	桩顶沉降（mm）	桩端阻力（kN）	端阻比（%）
S1	1000	42000	47.62	278	0.66
S2	1000	42000	52.54	341	0.81
S3	1000	42000	56.96	988	2.35
S4	1000	39000	93.54	4133	10.60

17.4　试桩总结

天津高银 117 大厦建筑高度 597m，结构体系复杂且荷载大，对桩基承载力与变形控制提出了较高的要求。现场开展了两期试桩。

（1）第一期试桩共 4 根试桩，进行不同桩长的试桩对比分析：桩径均为 1.0m，两根试桩以⑫$_1$粉砂层为持力层，有效桩长 95.5m，两根试桩以⑩$_5$粉砂层为持力层，有效桩长 76m，皆采用桩端桩侧联合注浆。4 根试桩极限承载力均高于 42000kN，平均桩顶沉降 54.4mm，平均桩身回弹率为 74.7%，承载性能良好。在设计最大加载等级 42000kN 下，以⑩$_5$层为桩端持力层即可满足要求。

（2）第二期试桩共 4 根试桩，进行桩端后注浆与端侧后注浆的试桩对比分析：桩径皆为 1.0m，以⑩$_5$层为桩端持力层，有效桩长 76m。其中，两根试桩采用桩端桩侧联合后注浆，两根试桩采用桩端后注浆。试桩 S4 试验中发生刺入破坏，极限承载力为 37500kN，其余试桩极限承载力均高于 42000kN，平均桩顶沉降为 52.4mm，回弹率皆在 70% 以上。桩侧后注浆改善了桩侧土体受力性能，桩端桩侧联合后注浆桩的桩身侧摩阻力发挥高于桩端后注浆桩，且承载变形能力优于桩端后注浆桩。

（3）试桩成果为天津高银 117 工程桩的设计与施工提供了技术参数与依据。工程桩采取直径 1.0m 的钻孔灌注桩，桩端持力层为⑩$_5$粉砂层（图 17.7）[3]，桩身混凝土设计强度等级为 C50，单桩

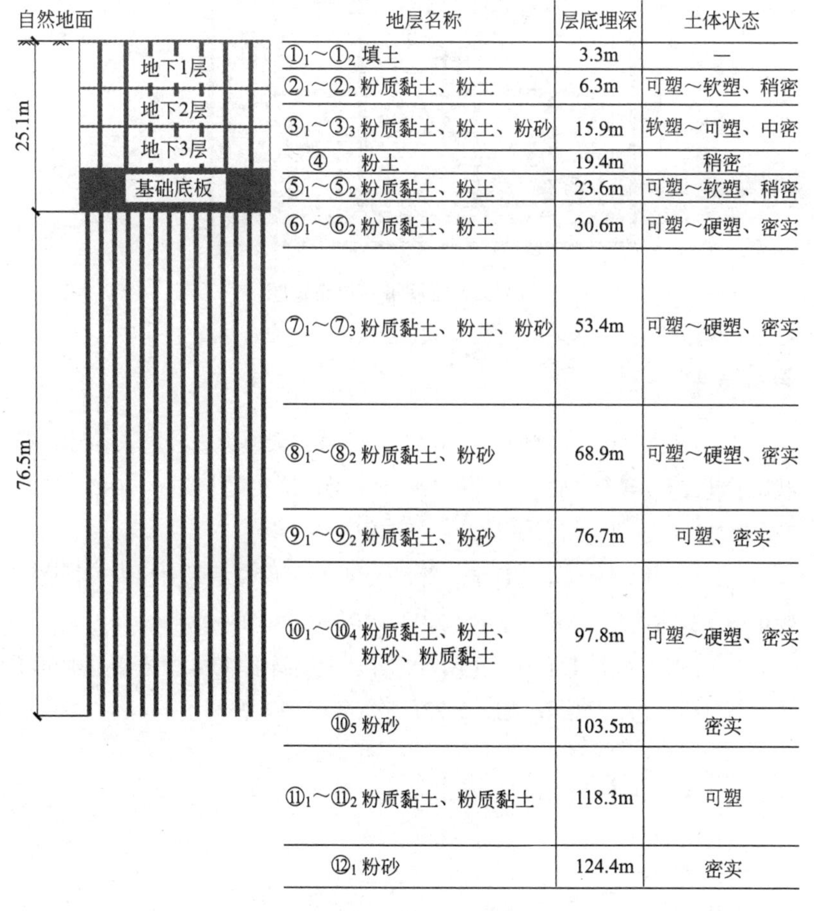

地层名称	层底埋深	土体状态
①$_1$～①$_2$ 填土	3.3m	—
②$_1$～②$_2$ 粉质黏土、粉土	6.3m	可塑～软塑、稍密
③$_1$～③$_3$ 粉质黏土、粉土、粉砂	15.9m	软塑～可塑、中密
④ 粉土	19.4m	稍密
⑤$_1$～⑤$_2$ 粉质黏土、粉土	23.6m	可塑～软塑、稍密
⑥$_1$～⑥$_2$ 粉质黏土、粉土	30.6m	可塑～硬塑、密实
⑦$_1$～⑦$_3$ 粉质黏土、粉土、粉砂	53.4m	可塑～硬塑、密实
⑧$_1$～⑧$_2$ 粉质黏土、粉砂	68.9m	可塑～硬塑、密实
⑨$_1$～⑨$_2$ 粉质黏土、粉砂	76.7m	可塑、密实
⑩$_1$～⑩$_4$ 粉质黏土、粉土、粉砂、粉质黏土	97.8m	可塑～硬塑、密实
⑩$_5$ 粉砂	103.5m	密实
⑪$_1$～⑪$_2$ 粉质黏土、粉质黏土	118.3m	可塑
⑫$_1$ 粉砂	124.4m	密实

图 17.7 工程桩与地层配置关系示意图

承载力为 13500 ~ 16000kN，共 941 根工程桩，皆采用桩端桩侧联合后注浆。工程桩桩位布置见图 17.8。

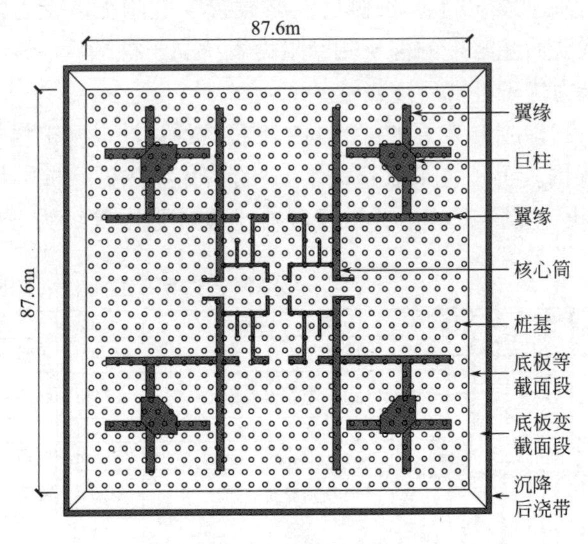

图 17.8　工程桩桩位布置图

参考文献

[1] 吴江斌，聂书博，王卫东．天津117大厦大直径超长灌注桩荷载试验［A］//第十二届全国桩基工程学术会议论文集［C］．2015：272-278.

[2] 王辉，余地华，汪浩，等．天津117大厦高承载力超大长径比试验桩施工技术［J］．施工技术，2011，40（10）：23-25.

[3] 吴江斌，王卫东，王阿丹，等．天津高银117大厦塔楼基础沉降实测与分析［J］．建筑结构，2022，52（9）：17-23.

第 18 讲　试桩实例：沈阳超长灌注桩

沈阳城区地质条件总体来说是以砂土和碎石土为主，除浑河沿岸的新近沉积层外，一般在地表下 3 ~ 5m 即见砂土，6 ~ 10m 以下即可见中密、密实的砾砂、圆砾、卵石持力层，而且普遍表现为埋藏越深颗粒越粗、密实度越大，因此以往的多层及高层建筑多采用天然地基和桩基础。受桩基施工工艺和地层条件的限制，沈阳地区以往试验桩的桩长一般不超过 30m，多数在 10 ~ 20m。

对超长桩而言，根据以往的试验研究资料对深部老沉积层进行评价，是不准确的。而且以往的静载荷试验未进行桩身内力分析，同时受条件限制，大多数试验结果未做到极限状态，单桩承载力的确定靠外推极限荷载或按变形控制为准，综合各单桩试验结果反算各土层的摩阻力和端阻力，准确性有待验证，应结合地层分布情况对抗压桩的受力性状和荷载传递机理进行相应的研究。

沈阳恒隆市府广场发展项目，位于沈阳市沈河区市府广场南侧，塔楼 1 为 78 层、总高度 350m 的超高层建筑，工程整体设四层地下室，底板埋深 –26.70 ~ –22.70m。该工程设计采用大直径旋挖灌注桩基础，设计桩径为 1.00m，桩底相对标高为 –72.00m，持力层为全风化砂砾岩，单桩竖向抗压承载力特征值为 9000kN，混凝土设计强度等级为 C40。

文献［1］结合 2 根典型试桩的静载试验、桩身轴力测试结果分析了旋挖工艺成孔的超长灌注桩的承载性状、荷载传递机理和不同沉积年代碎石土地层桩侧阻力的差异性。

18.1　地质条件

自基坑底开始起算，场地土岩性自上而下为：

④层，砾砂：褐黄色，混粒结构，中密状态，动力触探试验锤击数 $N_{63.5}$=11.5；

⑤层，圆砾：磨圆度较好，局部砾砂状，中密状态，动力触探试验锤击数 $N_{63.5}$=13.3；

⑥层，砾砂：褐黄色，混粒结构，中密状态，动力触探试验锤击数 $N_{63.5}$=13.6；

⑦层，圆砾：磨圆度较好，局部砾砂状，中密状态，动力触探试验锤击数 $N_{63.5}$=11.8；

⑧层，粗砂：橙黄色，黏粒含量约 10%，很密状态，动力触探试验锤击数 $N_{63.5}$=11.9；

⑨层，圆砾：磨圆度较好，局部砾砂状，中密状态，动力触探试验锤击数 $N_{63.5}$=13.8；

⑩层，砾砂：橙黄色、黏粒含量约 5%，中密状态，动力触探试验锤击数 $N_{63.5}$=15.8；

⑪层，圆砾：磨圆度较好，局部砾砂状或卵石状，中密～密实状态，$N_{63.5}$=19.2；

⑫层，全风化砂砾岩：褐黄色，风化严重，砂砾状结构基本破坏，呈泥质、钙质半胶结状态，动力触探试验锤击数 $N_{63.5}$=29.5，标准贯入试验锤击数 N=147；下覆基岩为全风化～微风化状态的花岗片麻岩。

20m 深度范围内等效剪切波速值为 267 ～ 278m/s，钻孔 B3 各层波速测试结果见表 18.1。

地下水为孔隙潜水类型，勘察期间受地铁施工降水影响，埋深一般在 15.3 ～ 18.8m。

波速测试结果 **表 18.1**

地层编号与定名	起止深度（m）	v_s（m/s）	v_p（m/s）
①杂填土	0 ～ 2.6	151	479
②粉质黏土	2.6 ～ 3.8	179	526
③粗砂	3.8 ～ 5.2	251	593
④砾砂	5.2 ～ 10.5	299	816

续表

地层编号与定名	起止深度（m）	v_s（m/s）	v_p（m/s）
⑤圆砾	10.5 ~ 15.4	358	1203
⑥砾砂	15.4 ~ 19.0	341	916
⑦圆砾	19.0 ~ 21.8	370	1263
⑧粗砂	21.8 ~ 23.2	334	852
⑨圆砾	23.2 ~ 42.6	381 ~ 387	1216 ~ 1278
⑩砾砂	42.6 ~ 45.2	372	909
⑪圆砾	45.2 ~ 47.4	415	1285
⑫全风化砂砾岩	47.4 ~ 80.0	1175	1175

18.2 试验分析

单桩竖向抗压静载试验均采用慢速维持荷法，4 台 8000kN 千斤顶并联加荷，配 100MPa 标准压力表测压，采用 4 ~ 8 根锚桩与大型组合钢梁（4 根）组成反力系统，试验最大终载为 24000kN。典型的 TP1 和 TP2 抗压试验桩结果详见图 18.1。

可以看出，抗压桩在荷载较小时，*Q-s* 曲线的变化是较平缓的，尤其是 TP2 在加载至 20000kN 时曲线仍然平缓。TP1 随着荷载的增大，曲线的斜率有所加大，后期已达极限状态。*Q-s* 曲线平缓与荷载传递机理有：抗压桩受荷后桩身上部产生压缩量，桩与桩周土层之间发生相对位移，从而导致桩侧摩阻力的发挥。由于桩体强度较高且较长，在一定的荷载范围内，桩身只发生弹性变形，所以 *Q-s* 曲线基本上呈线性变化，曲线较平缓。但随着荷载的不断增加，轴力向桩身下部传递，侧阻也不断向下发展，当桩端出现位移时，端阻力开始发挥。如果上部侧阻由于位移过大，桩土发生滑移时已达极限值，桩身出现塑性位移，此时如 TP1 曲线一样，*Q-s* 曲线表现为曲率急剧变大。当荷载接近或达到桩的承载力极限值时，桩侧阻力已基本完全发挥，桩土之间发生了较大滑移，同时桩端也

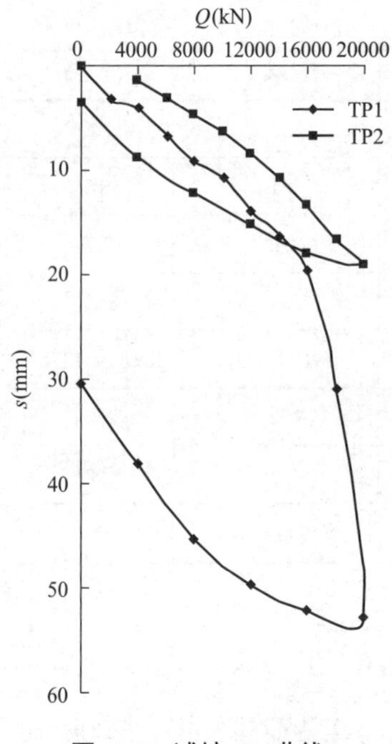

图 18.1 试桩 *Q*-*s* 曲线

出现较大位移，导致桩顶沉降量变大。

但是受旋挖桩施工工艺影响，桩孔孔径的离散程度较大，局部会出现“扩径支盘”现象。扩径支盘效应对试验桩的受力性状产生了一定的影响，支盘段侧摩阻力往往有超常发挥，而且桩侧阻力的发挥也不是同步的。TP1 的桩身完整性检测综合结果为 II 类，终载时沉降较大，已达到承载力极限状态，但局部的侧阻力尚未达到极限。试验结束后，该试验桩经过后压浆处理且休止 10d 后，又重新进行静载试验，在最大荷载 24000kN 时的附加沉降仅为 25.24mm，单桩承载力显著提高。

18.3 桩身轴力分析

试桩 TP1 桩身轴力分布如图 18.2、图 18.3 所示，图 18.4 为试桩 TP2 桩身轴力图。分析轴力图可知：当荷载较小时，抗压桩的轴力主要由桩身上部承担，当荷载较大且桩顶沉降量也较大时，桩端阻力开始有一定程度的发挥，而且随着荷载的增大，桩端阻力也不断增大，但桩端阻力发挥相对较弱。这是因为小荷载状态下的桩顶沉降量主要为桩本身的弹性压缩变形量，由于桩土出现了相对位移，桩侧阻力才得以发挥，进而引发桩上部轴力的变化并向下传递荷载。随着荷载的不断增大，桩侧阻力向下发展，只有在桩端出现位移时，桩端阻力才开始发挥。侧摩阻力随荷载增大，自上而下逐渐达到极限值，在上部侧阻力完全发挥后，荷载的增量才主要为桩端阻力所承担。本工程试验桩由于桩较长，总体上表现为端承摩擦桩的性质，终载时桩端阻力仅为桩顶荷载的 4% ~ 17%，更接近于摩擦桩。TP2 在终载 20000kN 时，实测桩底以上 5.0m 处的轴力仅为 700kN，桩端阻力几乎未发挥；TP1 由于桩顶沉降较大，桩端阻力有了较好的发挥，终载 18000kN 时，实测桩底以上 10.0m 处的轴力约为 3000kN，以此反算桩的极限端阻力也仅为 1200kPa 左右，孔底的沉渣过厚是桩端阻力未能充分发挥的主要原因。

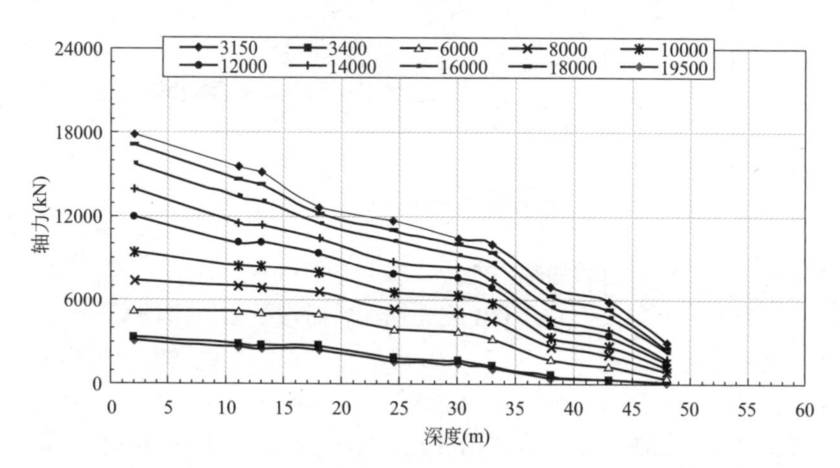

图 18.2　TP1 桩身轴力分布

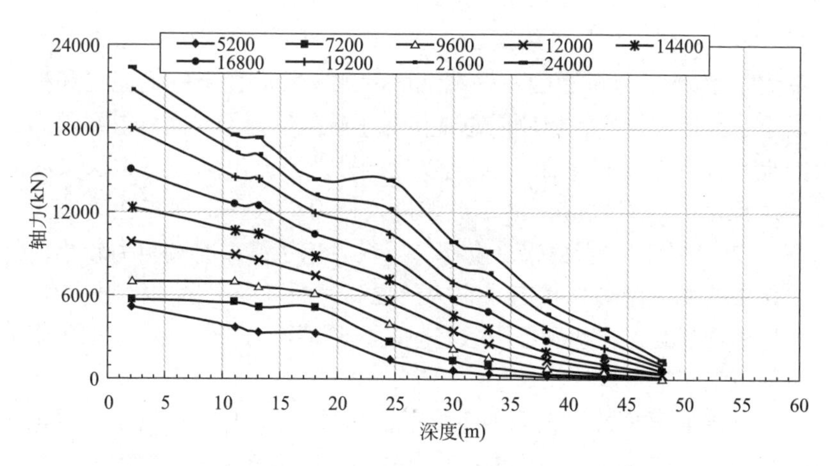

图 18.3　压浆后 TP1 桩身轴力分布

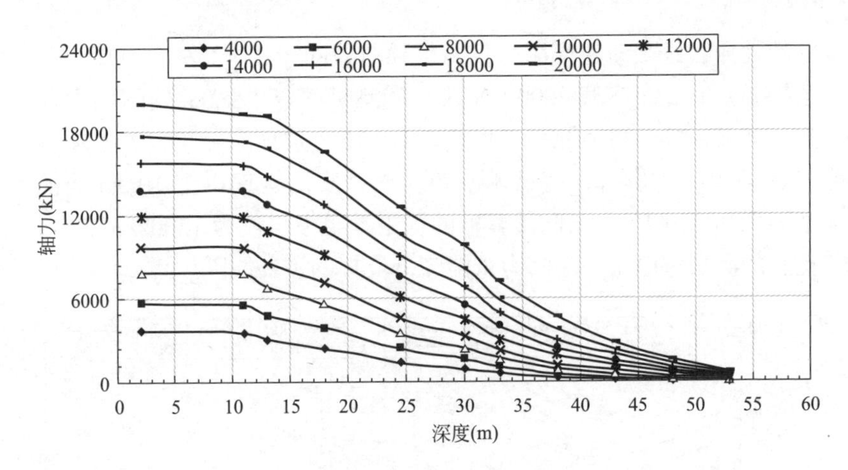

图 18.4 TP2 桩身轴力分布

正常桩压浆前后的轴力曲线基本上是相似的，而 TP1 压浆前后的轴力曲线有很大差别。TP1 在先期试验时端阻力发挥较充分，已达极限状态，但在桩身 20 ~ 30m 段的轴力较小，该段摩阻力尚未能充分发挥，其重要原因是该段桩身存在轻微缺陷。经后压浆处理，试验桩的轴力发生很大的变化，尤其是 25 ~ 30m 段的轴力显著增大，与压浆前曲线有很大的不同，出现差异主要是由后压浆作用机理引起的。

TP1 压浆后在最大终载 24000kN 时，桩底以上 10.0m 处的轴力仅为 1320kN，分析原因：桩端沉渣的加固效应强于桩侧泥皮和桩周土层的加固效应，但侧阻总是优先于端阻发挥的，而且桩端阻力的提高亦可起到桩侧阻力强化效应；另外“泥包砾”持力层具有一定程度的嵌岩效应，由于桩端进入持力层很深，深径比一般在 17 ~ 20 左右，端阻力很难发挥。压浆后 TP1 终载时端阻力较小说明该桩的侧摩阻力发挥有了很大的提高，而且尚未达到极限状态，如果继续加载，在达到极限状态时的极限端阻力应该会高于未压浆时的极限端阻力。

总体上压浆效果在第四系松散沉积层的作用比较显著，“泥包砾”层呈半胶结状态，压浆对其有效加固影响范围很小，摩阻力提高程度有限。

18.4 桩身变形分析

桩顶沉降量包括桩身压缩量和桩端位移，根据 TP2 桩身轴力可以计算出试验桩各段的压缩变形，终载 20000kN 时，桩身变形为 16.87mm，桩顶沉降为 18.98mm，所占比例为 89.0%，试桩 TP2 桩身卸荷残余变形计算值为 2.09mm，实测值为 3.55mm，比较接近。残余变形很小也说明，可以恢复的弹性变形在桩顶沉降量中占主导地位。

18.5 “泥包砾”地层特点

根据相关勘察钻孔资料显示，市区自然地面 30m 以下存在厚度较大的含黏性土圆砾层，俗称“泥包砾”。该层呈棕黄色 ~ 褐黄色，多呈半胶结状态，强度较高，骨架颗粒由结晶岩组成，磨圆较好，大多呈亚圆形，颗粒直径一般在 20 ~ 100mm，最大粒径 300mm，孔隙间由黏性土充填，黏性土含量为 30% ~ 50%，局部可见砂层及黏性土层透镜体。

根据热释光测年结果分析，“泥包砾”测年数据 11.0 ± 0.89 万年 ~ 17.4 ± 1.39 万年，属于中更新统 Q_2 时期，其成因类型可视为具有泥石流特征的洪积物[2]。

该层的动力触探试验锤击数 $N_{63.5}$ 实测值均大于 50 击，单孔法测得的剪切波速平均值为 400 ~ 500m/s，力学性质较好。文献 [2] 认为用“含黏性土圆砾”定义该层比较合适。关于该层的定名目前有“泥包砾”“全风化砂砾岩”“泥砾岩”“圆砾”“泥砾”“细粒混合土”等，尚有待统一。

【按】援引新华每日电讯（2008 年 7 月 24 日第 002 版）：在北京市地勘局 2008 年 7 月 22 日举行的学术交流会上，市地质调查研究院院长蔡向民在一份名为《永定河形成时代研究》的报告中提到，2004 年，国土资源部与北京市政府联合开展北京市多参数立体地质调查，对北京平原区进行了大规模的第四纪地质调查。技术人员在多个地质钻孔中发现，在永定河冲积扇底部普遍见有含卵石泥砂砾岩，俗称“泥包砾”，其中新5孔钻透第四纪、新近纪和古近纪，在地表以下340m发现单层厚度达95m的“泥包砾”。经古地磁测试，这些“泥包砾”距今约300万年，为上新世形成。

参考文献

[1] 单明，舒昭然，刘忠昌. 恒隆市府广场大直径旋挖桩承载力试验研究[J]. 建筑结构，2010，40（S2）：595-599.

[2] 臧秀玲，刘忠昌，李颖，等. 沈阳市区“泥包砾”层成因分析[A]//2010年辽宁工程勘察与岩土工程学术会议论文集：岩土工程创新与实践[C]. 沈阳：东北大学出版社，2014.

第 19 讲 试桩实例：壁桩

Barrette[1]源于法语，据报道 1963 年由法国 Soletanche 公司根据当时的地下连续墙技术拓展构思和首创，因而在形式上与单片地下连续墙（连续壁）槽段相同，其作用是作为桩基（即将上部建筑物的荷载传递到地基土中），故将其归入桩基家族，著者认为译作"壁桩"，即壁式桩基，更有助于把握其工程性状，有助于推广应用。文献资料中壁桩还有着不同的称谓，如壁板桩[2]、矩形桩[3]、条桩[4]。

壁桩与地下连续墙槽段的施工流程、工艺设备相同，即先开挖成槽，膨润土泥浆或聚合物泥浆护壁，然后放置钢筋笼，最后通过多导管同时灌注混凝土。需要时，采用桩侧或桩端的后注浆工艺，提高壁桩承载能力，控制基础沉降。

19.1 静载试验方法

现场原型足尺试验是获知壁桩承载性状更为重要的设计依据。壁桩承载性状测试方法，可采用锚桩反力法，亦可采用反向加载法，如 O-cell 法和自平衡法。

19.1.1 锚桩反力法

文献［5］在国内首次进行了单片地下连续墙的垂直静载荷现场试验，桩截面尺寸 2.5m × 0.6m，桩长 21m。通过慢速法和快速法两种不同的加载方式，前者所得单桩极限承载力为 4050 ~ 4500kN；后者≥ 4500kN。

对于我国台湾省高雄市汉来新世界中心，陈斗生先生在文献［6］中评述：为求得板状基桩之设计摩擦阻力，于本场地进行了两组实体 Barrette 之静载试验，每片桩厚 1.0m、宽 2.5m，深 42.5m，其中一组桩底未施加灌浆预压，另一组加压至约 5MPa；两组板桩内皆预埋钢筋计、变位计等，以量测摩擦力之传递与分布及基桩之应变量，分别垂直加载至 16250kN 及 18000kN，桩头沉陷分别为 56mm 及 50m。由分析结果显示，未加压灌浆者与加压灌浆者分别在 12000kN 和 15000kN 左右，其桩头沉陷量约为 15mm，而二者在砂质土层与基桩界面平均摩擦阻力均约为 55kPa，而底部因预压而产生承载力增量约为总承载力之 26%。

泰国曼谷某 50 层高层建筑[7]，采用 24 根壁桩和 560 根圆截面灌注桩作为桩基础。在荷载较大的电梯井下采用壁桩支撑，在荷载最大的建筑物中心区域，采用经桩端压浆处理的圆截面灌注桩和壁桩。其中壁桩截面尺寸为 1.5m × 3.0m，圆截面灌注桩直径为 1.5m。两桩桩长均为 57m，桩端土层为砂土。壁桩最大加载量达 5290t，最大荷载对应的桩顶位移量为 61mm。壁桩静载试验布置的反力装置实景如图 19.1 所示；所得 *Q-s* 曲线见图 19.2。

图 19.1　反力装置实景

19.1.2　反向加载法

文献［8］给出在菲律宾的残积土中用O-cell的试验方法做了一根壁桩的静载试验，其横截面为2.85m×0.85m，桩长15m。本工程是位于菲律宾马尼拉市马卡迪地区的28层住宅楼，建筑平面为35m×23m的矩形，基底位于地面以下12m。壁桩按嵌岩桩设计，桩端在火山凝灰岩中。荷载箱0.40m厚，其底板位置距桩底1.0m。地下水位位于26m，即桩底以上2m，荷载箱以上1m处。土层信息及荷载箱布置见图19.3。试验中荷载箱上部结构最大荷载11600kN。顶板所累积的位移为10mm。

文献［9］依托天津站交通枢纽工程进行了试验墙的竖向载荷试验。试验墙平面尺寸为1.2m×2.8m，墙体深度为48m。通过自平衡检测方法，得到其压浆后的抗压极限承载力达50574kN。

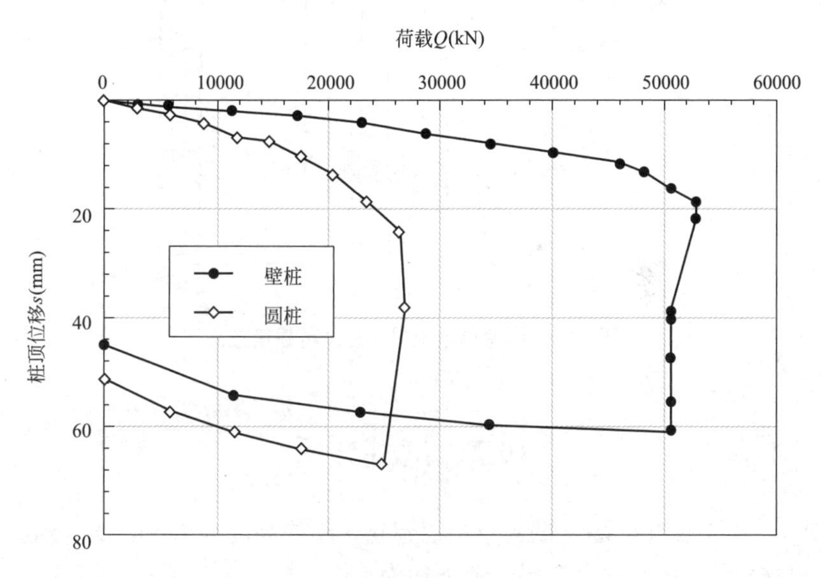

图19.2　壁桩及圆截面灌注桩试验 *Q-s* 曲线

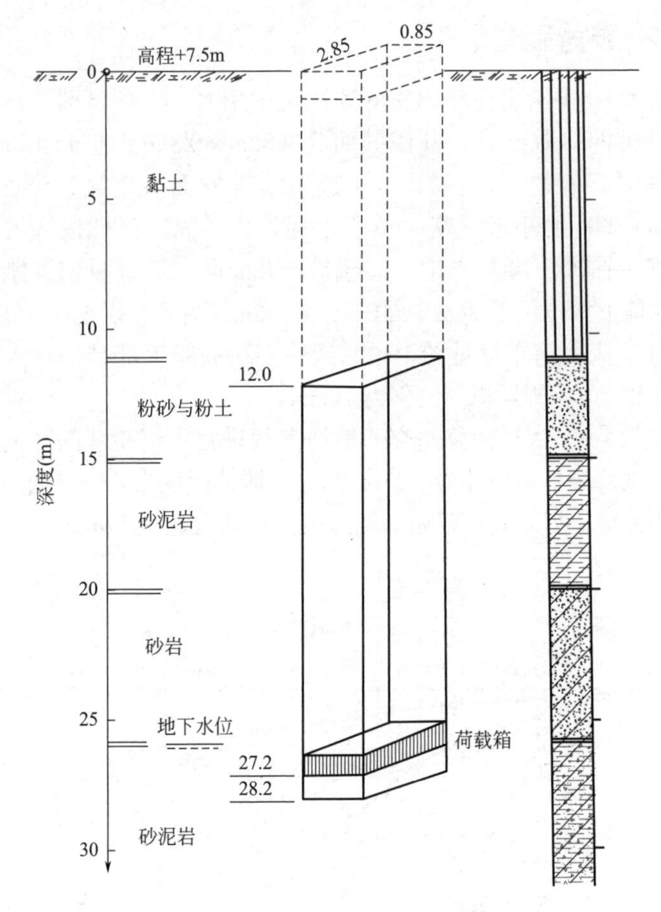

图 19.3　试验场地土层信息及荷载箱布置

19.2　试桩分析

南京金茂广场二期为超高层建筑，结构高度为 285m，塔楼地上 69 层，裙房地上 7 层，地下均为 5 层。根据地质情况，结合地勘单位建议及本项目特点，从安全、经济、适用性、施工难度等多方面综合考虑，本工程基础选用桩筏基础。由于地下室采用逆作法施工，故塔楼及裙房框架柱下均采用一柱一桩，根据柱底力大小确定桩基直径及有效桩长，塔楼核心筒外墙及内墙整体向下延伸，直接作为塔楼核心筒的基础承受竖向荷载，并适当增加桩基作为内部分隔墙基础[10]。

结合本工程持力层为⑤$_{2a}$破碎状中风化凝灰岩和⑤$_{2}$中风化凝灰岩，提出墙身入岩计算长度修正方法：（1）对于嵌岩段全部为⑤$_{2}$层的墙，计算竖向承载力特征值时，入岩深度不大于5倍墙厚；（2）对于嵌岩段全部为⑤$_{2a}$层的桩，入岩深度可以大于7倍墙厚，但墙体竖向承载力特征值不大于全部为⑤$_{2}$层的情况；（3）对于嵌岩段为⑤$_{2}$层与⑤$_{2a}$层交互的墙，计算竖向承载力特征值时，入岩深度需按侧摩阻力之比进行折算，统一为端部持力层的岩层。计算模型如图19.4所示。

本工程采用自平衡测试法完成3幅试墙，试验结果及按上述方法的计算结果见表19.1。可知，地下连续墙承载力特征值计算结果小于试验值，结果偏于安全，证明了地下连续墙承载力计算方法及墙身入岩计算长度修正方法的可行性。

静载试验结果汇总 **表19.1**

试墙编号		SQ1	SQ2-1	SQ2-2
墙厚（m）		1	1.2	1.2
入岩深度（m）		18.25	13.55	17.2
桩端持力层		⑤$_{2a}$	⑤$_{2}$	⑤$_{2}$
岩层累计深度（m）	⑤$_{2}$	0	13.55	9
	⑤$_{2a}$	18.25	0	8.2
计算承载力特征值（kN）		64592	96231	94039
试墙承载力特征值（kN）		108572	156999	156972
计算/试验		0.59	0.61	0.6

检测机构利用特制的自平衡荷载箱，最大加载能力达到了3.96万t（396MN）。试墙的平面位置见图19.5，其中SQ1试墙为L形壁式桩基（图19.6），SQ2-1和SQ2-2为I形（图19.7）。试墙施工参数见表19.2。静载试验得到的极限荷载结果汇总于表19.3。以SQ1

为例加以简要说明，SQ1（荷载箱、墙顶）荷载－位移曲线如图19.8所示。采用等效转换方法，根据已测得的各土层摩阻力－位移曲线，转换至墙顶，得到试墙SQ1等效转换 *Q-s* 曲线见图19.9。SQ1测试轴力的钢筋计布置及轴力实测数据分别如图19.10（a）、（b）所示。

试墙施工参数汇总 **表19.2**

项目 \ 墙编号	SQ1	SQ2-1	SQ2-2
成孔类型	成槽机、铣槽机	成槽机、铣槽机	成槽机、铣槽机
开孔日期	2014/10/31	2014/10/20	2014/9/29
终孔日期	2014/11/11	2014/10/29	2014/10/17
混凝土灌注日期	2014/11/14	2014/10/31	2014/10/19
墙顶标高（m）	–1.370	–1.370	–1.370
有效墙顶标高（m）	–25.300	–25.300	–25.300
墙长（m）	56.261	56.435	56.905
混凝土强度等级	C55	C55	C55
理论混凝土方量（m^3）	278	400.75	405.36
实际混凝土方量（m^3）	285	410	418
设计注浆量（t）	10	13	13
实际注浆量（t）	7.92	7.92	7.2
注浆日期	2014.11.18	2014.11.7	2014.10.29
荷载箱位置	距墙底7m	距墙底7m	距墙底7m
终孔岩层	⑤$_{2a}$破碎状中风化凝灰岩	⑤$_2$中风化凝灰岩	⑤$_2$中风化凝灰岩

极限荷载实测值汇总 **表19.3**

试验编号	极限荷载 Q_u（kN）	位移 *s*（mm）
SQ1	217143 （侧阻力占72.76%）	50.06
SQ2–1	313998 （侧阻力占74.79%）	49.43
SQ2–2	313944 （侧阻力占73.62%）	47.36

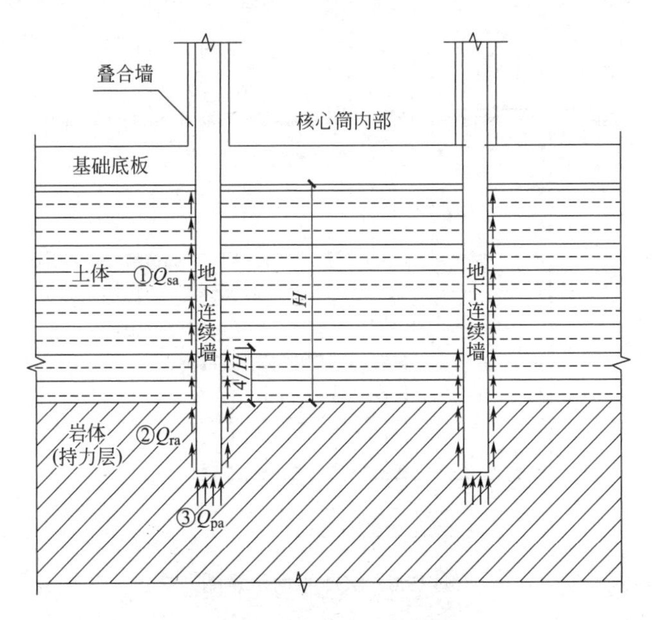

图 19.4　承载力计算简图

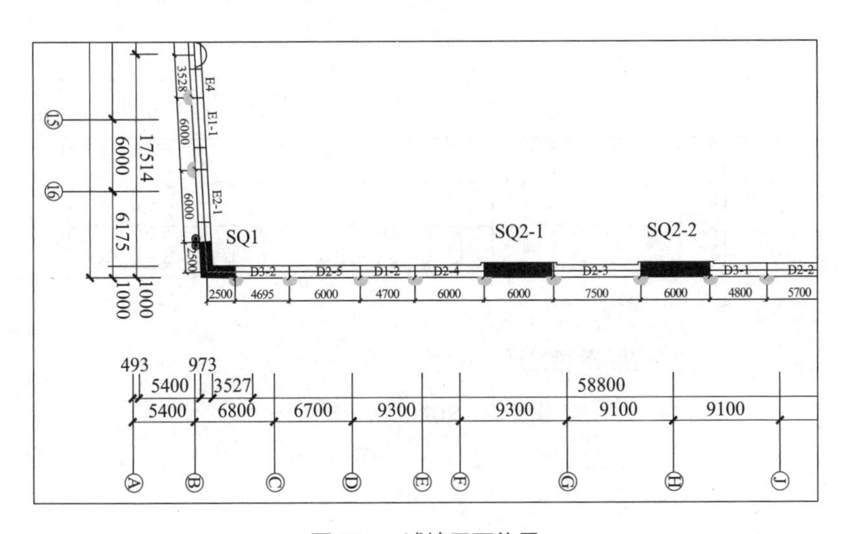

图 19.5　试墙平面位置

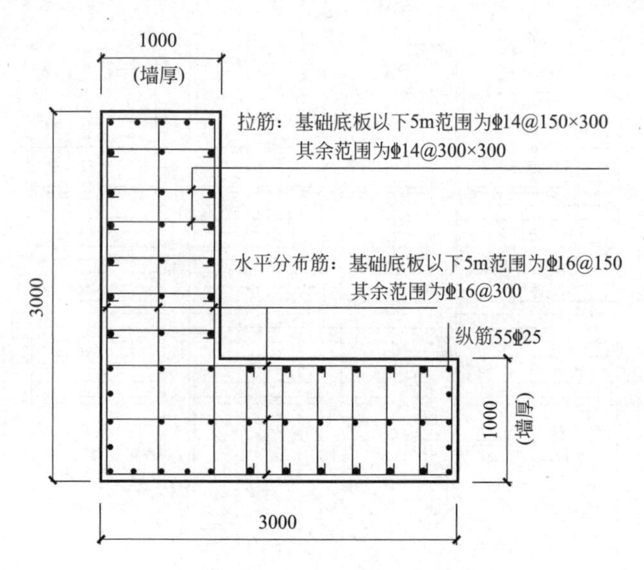

图 19.6 SQ1 平面示意图

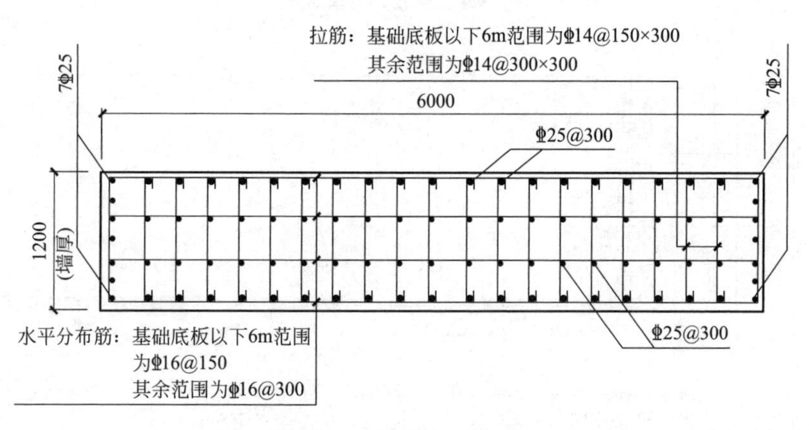

图 19.7 SQ2 平面示意图

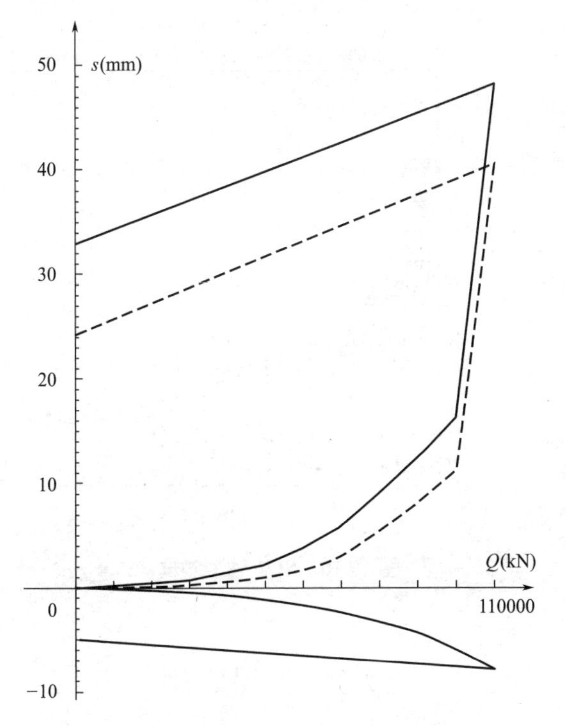

图 19.8　SQ1（荷载箱、墙顶）荷载 - 位移曲线

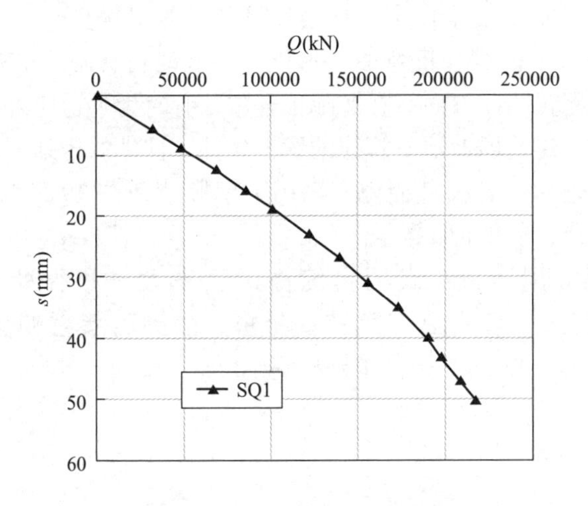

图 19.9　SQ1 等效转换 *Q-s*曲线

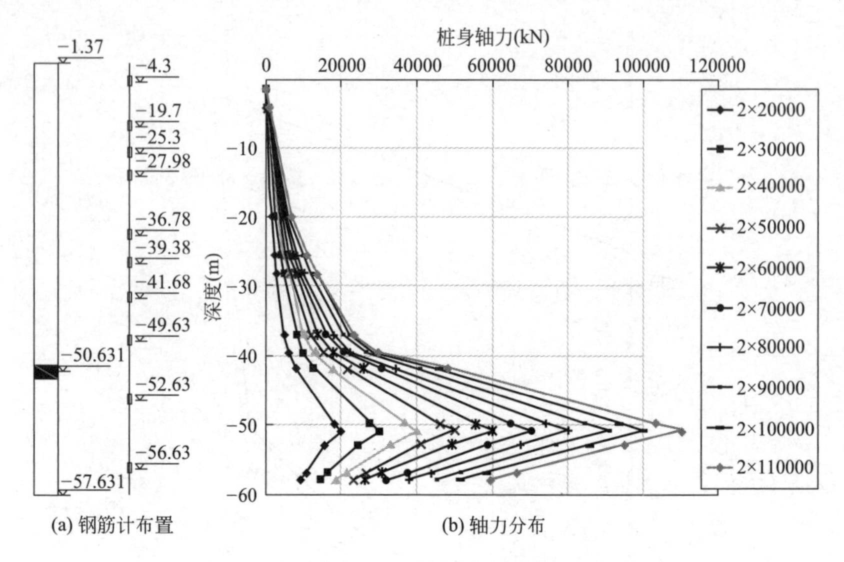

图 19.10 SQ1 轴力测试

19.3 工程应用

与其他深基础形式相比，壁桩具有侧摩阻力大、刚度大、断面形式多样、施工安全便利、社会经济效益好等优点[2]。壁桩可抵抗较大的水平荷载和抗弯曲变形能力，同时可针对有方向性的荷载，自由配置墙段方向。在实际工程中，有时为了适应外部荷载的作用模式，建筑场地地下管线的约束条件，柱件的排列方式或地下室边角的形状，其横截面也有采用十字形[11]（图 19.11）、T 形、L 形、H 形、Y 形和 I 形等。

工程应用案例：我国台湾高雄汉来大厦和香港 ICC 大厦（图 19.12），马来西亚吉隆坡双子塔，法国巴黎蒙帕纳斯大楼（Montparnasse Tower）采用了壁桩基础形式。

图 19.11 十字形壁桩

图 19.12 我国香港 ICC 大厦壁桩基础

19.4 研究建议

壁桩荷载传递机理和承载性状有待深入研究，不仅需要进行理论分析，现场原型足尺试验是获知壁桩承载性状更为重要的设计依据。当前壁桩的设计方法，都未重视矩形截面与具有轴对称性质的圆形截面在几何方面的差异，而尺寸效应可能影响在成桩过程中的应力变化以及承载性能的变化。文献［9］通过理论分析，认为在桩土接触面滑移破坏之前，单片墙的侧壁摩阻力在横截面上的分布并不是均匀的。单片墙的长宽比对单片墙的承载特性有明显的影响。矩形壁桩不具有圆形桩的轴对称性，因此群墙的承载特性及群墙效应不仅受墙间距的影响，而且受墙身截面形状以及群墙布置方式的影响。

目前的规范或规程中几乎没有专门针对壁桩提出设计方法。在缺乏原型载荷试验设计参数的情况下，在美国或欧洲，壁桩承载力计算通常是参照圆截面灌注桩进行设计。

壁桩具有承载力高、刚度大、断面形式多样等特点，荷载传递机理和承载性状的复杂性及当前计算方法的不成熟，是制约壁桩技术的发展和工程应用的主要因素之一，相关研究工作有待进一步开展。

参考文献

［1］Ramaswamy S D， Pertusier E M． Construction of Barrettes for High-Rise Foundations［J］． Journal of Construction Engineering & Management， 1986， 112（4）：455-462.

［2］雷国辉，洪鑫，施建勇．壁板桩的研究现状回顾［J］．土木工程学报，2005（4）：103-110.

［3］郭强，赵天庆．双井立交矩形试验桩施工与监测［J］，市政技术，1994（1）：8.

[4] 丛蔼森. 地下连续墙的设计施工与应用 [M]. 北京：中国水利水电出版社，2001.

[5] 李桂花，周生华，周纪煜，等. 地下连续墙垂直承载力试验研究 [J]. 同济大学学报（自然科学版），1993（4）：575-580.

[6] 陈斗生. 超高大楼基础设计与施工之实务检讨 [A] //海峡两岸土力学及基础工程地工技术学术研讨会论文集 [C]，西安，1994.

[7] Thasnanipan N，Aye Z Z，Teparaksa W. Barrette of Over 50，000 kN Ultimate Capacity Constructed in the Multi-Layered Soil of Bangkok [J]. 2002：1073-1087.

[8] Fellenius B H，Altaee A，Kulesza R，et al. O-Cell Testing and FE Analysis of 28-m-Deep Barrette in Manila，Philippines [J]. Journal of geotechnical and geoenvironmental engineering，1999（7）：125.

[9] 赵凯，龚维明，薛国亚. 矩形地下连续墙的荷载试验研究 [J]. 工业建筑，2010，40（7）：62-66.

[10] 杨开，范重，杨苏，等. 南京金茂广场二期工程基础设计 [J]. 建筑结构，2023，53（S1）：2454-2458.

[11] 金宝森，何颐华，谭永坚. 北京大北窑地铁车站超大型十字桩垂直承载力分析 [J]. 建筑科学，1996（3）：33-35，77.

第 20 讲　试桩实例：补勘与试桩

本工程采用钻孔灌注桩方案，经过专门的补充勘察进一步核准桩基设计参数，通过试桩验证单桩承载力取值，最终有效桩长得以显著优化，堪为桩基工程全过程咨询的代表性实例。

20.1　工程简况

本工程两栋超高层甲级写字楼，地上 66 层，地面以上建筑总高度为 316m，其中 10、22、34、46、58 层为建筑避难层，其余均为办公标准层，结构屋面高度 297.8m，设 3 层地下室，开挖深度约 20m。本项目采用带加强层的钢管混凝土框架 – 型钢混凝土核心筒混合结构体系，结构的主要抗侧力体系为核心筒和外框架，通过设置加强层来协同二者作用，并提供足够的抗侧及抗扭刚度；利用建筑避难层设置 4 道结构加强层，加强层由环带桁架和伸臂桁架组成，于 34、46、58 层设置伸臂桁架，并在 22、34、46、58 层设置环带桁架；楼盖竖向承重系统为钢梁 + 压型钢板组合楼盖。

20.2　补充勘察

工程建设场地表层广泛分布厚度较大的杂填土层，浅部为第四系冲洪积层，其下为厚度较大的第四系湖（沼）相沉积地层，以黏性土、粉土（砂）、泥炭质土等典型的湖相沉积地层为主。

根据该工程基础设计研讨专家评审会议意见，进行补充勘察，旨在通过增加原位测试成果，包括标准贯入试验孔（每孔孔深为 120m）和双桥静力触探试验孔（每孔孔深 100m），进一步查明场地砂土、粉土、黏性土的物理力学性状，为桩基设计提供依据。

根据补勘原位测试成果，从土性角度进行简单分层整理（未考虑土层沉积历史），场地地层呈层层分布状态，粉性土与黏性土叠层分布状态明显，其中埋深在 50 ~ 80m 范围内，以粉性土、砂性土为主，中部夹多层薄黏性土，呈中密 ~ 密实状态，其中 60 ~ 70m 范围尤为致密，土体强度高，是本工程拟建超高层建筑的理想桩端持力层。

结合详勘报告及补勘报告，针对桩基设计参数进行了重新校核，根据现场原位测试（静力触探见图 20.1 和标准贯入试验锤击

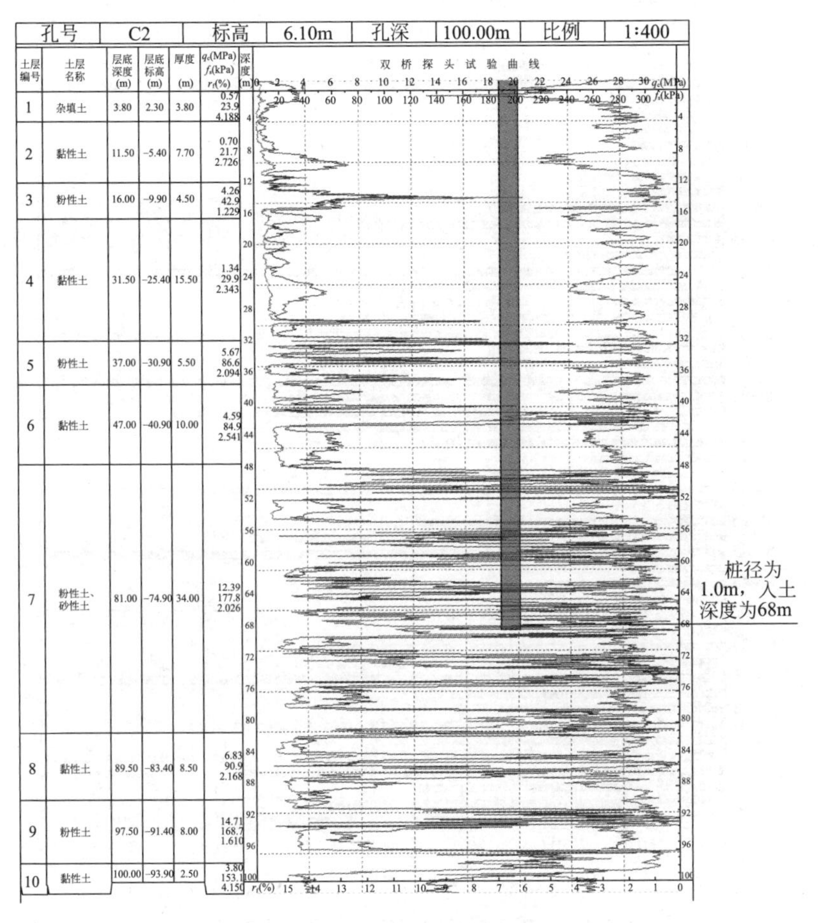

图 20.1　桩长与地层配置关系

数见图 20.2，得到的桩侧阻力 q_{sik} 及桩端阻力 q_{pk} 建议值较为合理，在此基础上，提出了建议的桩基设计参数见表 20.1。

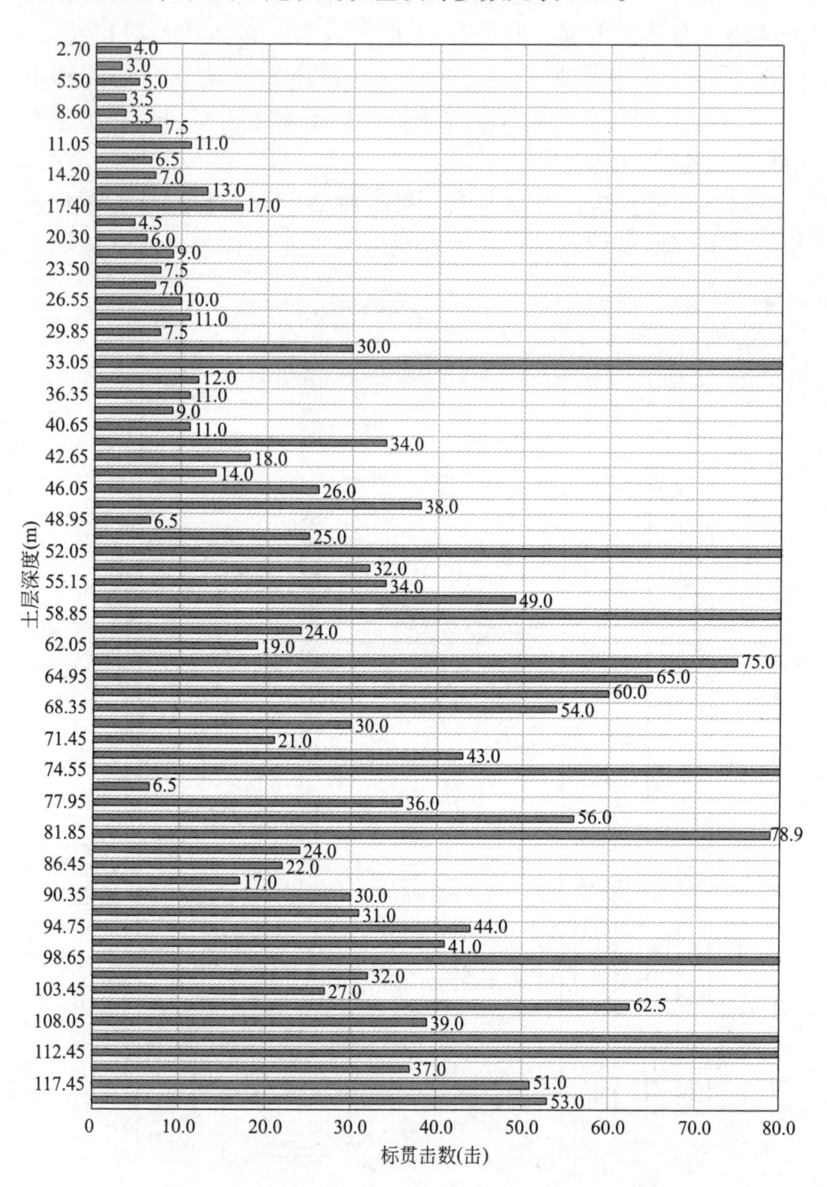

图 20.2　标准贯入试验锤击数随深度变化的统计分析

桩基参数建议值　　表 20.1

层序	土名	场地静探		场地标准贯入试验锤击数 N 平均值（击）	钻孔灌注桩				桩基竖向抗拔承载力系数 λ
		q_c（MPa）	f_s（kPa）		q_{sik}（kPa）	桩端后注浆桩侧增强系数	q_{pk}（kPa）	桩端后注浆桩端增强系数	
①	填土	0.33		3.5	15				0.6
②	黏性土夹粉砂	0.75	25.91	6.9	25				0.6
③	粉砂	3.27	57.27	12.6	40				0.6
④	黏性土	1.22	28.81	9.4	45	1.3			0.8
⑤	粉土、粉砂	7.57	112.32	36.4	80	1.4			0.75
⑥	黏土夹粉土	3.63	76.89	24.2	70	1.3			0.85
⑦	粉砂夹黏土	8.47	157.90	53.2	90	1.4	3000	3	0.80
⑧	泥炭质土	2.91	74.79	28.7	60	1.3	1500	2	0.75
⑨	粉砂	8.89	149.21	59.1	90	1.4	3500	3	0.75

20.3 试桩设计

试桩方案分析考量因素：

（1）单桩承载力匹配问题：由于写字楼为超高层建筑物，结构自重大，特别是核心筒区域，传递至基础底板处的结构荷载较为集中且分配比例大，由于布桩区域有限，故在桩型选择过程中，应以单桩承载力取值作为重要标准，从而满足主楼区域满堂布桩要求。

（2）核心筒与外框刚度调平问题：作为超高层建筑物的“脊柱”，核心筒范围从刚度凝聚及分担结构荷载比例，都明显高于外框体系，从而亦引起核心筒与外框区域的底板刚度不均匀，在桩基方案的选择过程中，应通过变刚度调平理念，达到“强核心筒弱外框”的目的。

（3）主楼与裙楼间差异沉降问题：由于主楼与裙楼荷载的显著差异，必然引起相互间基础差异沉降，由于无沉降缝的设置，一般通过沉降后浇带的合理布置来降低不均匀沉降的影响，但解决该问题的关键亦是主楼桩基方案的选择，通过控制主楼的总沉降量，来降低主、裙楼间的差异沉降。

（4）综合考虑土层性质：土层性质的分布及地下水赋存的特点，是确定选取何种桩型的基本因素。

根据本工程建筑物特点、土层性质及考虑上述因素，对超高层甲级写字楼桩基方案选取建议如下：

由于结构荷载大，对单桩承载力要求高，需采用大直径的钻孔灌注桩，故拟采用桩径为 1.0m 的钻孔灌注桩。根据本工程详勘及后期补勘，场地土层在埋深 50 ~ 80m，以粉性土、砂性土为主，其中埋深 55 ~ 70m 中的粉性土与砂性土更为致密，静探双桥 q_c 平均值达 15MPa 以上。根据类似地质条件的钻孔灌注桩工程施工经验表明，当桩端进入粉性土或砂性土太深，在成孔时，孔壁附近土体应力释放将出现“松弛”现象，极易造成塌孔和缩径，而且有随着钻孔的加深及土体致密性而加剧的趋势，故综合考虑，建议甲级写字楼桩基入土深度按 60 ~ 70m 控制，结合技术讨论会，确定桩基入土深度选取为 68m。根据大量桩端后注浆钻孔灌注桩静载荷试验资料分析，采用桩端后注浆工艺可以使单桩承载力一般提高 50% ~ 80%，若注浆效果好，甚至可以达到 100% 以上。

原基础方案采用常规钻孔灌注桩，有效桩长需 79m，施工质量难以保证，故根据上述分析，建议试桩设计方案：

钻孔灌注桩，桩径为 1.0m，有效桩长为 48m，桩端入土深度为 68m，基坑开挖深度按 20m 考虑，桩身混凝土强度等级采用水下 C45，采用桩端后注浆施工工艺（每根桩需注 6t 水泥），预估的单桩极限承载力值为 22400kN，故试桩最大加载量按 28000kN 考虑。

为了做好后注浆施工质量过程控制，专门编制“桩端后注浆设计施工说明”，详见下文。

20.4 桩端后注浆设计施工说明

20.4.1 后注浆设计施工要求

1）注浆浆液设计参数

（1）配制注浆浆液采用42.5级普通硅酸盐水泥，水泥要求新鲜、不结块，并按有关规定批次送检，合格后方可使用；

（2）浆液水灰比取0.55 ~ 0.60，搅拌时间不少于2min，浆液用3mm × 3mm的滤网进行过滤，浆液采用纯水泥浆；

（3）注浆过程中应测定注浆量与注浆压力的关系，以确定与土性相适宜的注浆压力控制值；

（4）进行后注浆时，注浆流量不应超过40L/min；

（5）单桩桩端注浆水泥用量（以水泥重量计）初步确定见表20.2；

（6）配制好的浆液在注入之前必须经过湿磨机细化处理，湿磨机单桶浆液处理时间控制在3min，细化后的浆液中的水泥应保证有 >50% 的颗粒在40μm以下。

不同桩径桩端后注浆水泥用量　　表20.2

桩径（mm）	800	1000
水泥用量（t）	4.5	6.0

2）后注浆导管

（1）后注浆导管采用3根 ϕ50无缝钢管（注浆导管兼作超声波检测，与钢筋笼加劲筋焊接固定，成等边三角形布置，要求垂直度偏差 < 1/200；

（2）下部应有不少于6根主筋与注浆管组成钢筋笼通底（钢筋笼应沉放到底处理，不得悬吊，下笼受阻时不得撞笼、墩笼或扭笼）；

（3）导管应连接牢固或密封，采用螺纹丝扣连接，为确保丝扣连接的牢固和承压能力，管壁厚应≥ 3.2mm，接头部位缠绕止水胶带；

（4）注浆导管与钢筋笼用 10 号或 12 号铁丝绑扎，绑扎间距为 2m；

（5）注浆导管顶标高应利于注浆，且不影响其他灌注桩施工，一般以地面为参照增加 0.3 ~ 0.6m 为宜。

3）注浆器

（1）注浆器施工工艺由施工单位提供，设计单位确认；

（2）注浆器应具备逆止功能，即设置单向阀门；

（3）安放注浆器时，为防止注浆口堵塞，注浆出口用薄型橡皮包住；

（4）注浆器伸出钢筋笼底 20 ~ 40cm。

4）后注浆施工流程

（1）钻孔灌注桩成孔施工；

（2）钢筋笼预置注浆管（底部设置单向阀）；

（3）成桩后 8 ~ 10h，注水加压进行清水劈裂；

（4）成桩后 7d，再次向管内注满清水进行超声波检测；

（5）超声波检测完成后，开启注浆管均匀注入浆液；

（6）分两次进行注浆，达到设计要求后，即停止注浆。

5）后注浆施工工艺要求

（1）在每节钢筋下放结束时，应在注浆导管内注入清水检查其密封性能，当注浆导管注满清水后，保持水面稳定为达到要求。如发现漏水应提起钢筋笼检查，在处理好后方可再次下笼；

（2）对露在孔口的注浆导管管口应用堵头拧紧，防止杂物及泥浆掉入注浆管内，确保管路畅通；

（3）在成桩后 8 ~ 10h，进行清水劈裂，当压力表显示压力突然明显下降，表示注浆管底部混凝土已成功贯通，停止注水，应测定注水水量；

（4）在成桩 7d 后，开始进行水泥浆液注入，流量不宜高于

40L/min，以便水泥浆液自然渗入土层中；

（5）每根桩分二次注浆，第一次注入70%注浆量，间隔1.5h，将剩余30%浆液注入；

（6）正常注入压力控制在0.6 ~ 1.0MPa，后期注浆压力可适当提高，但不宜高于3.0MPa，注浆流量相应适当降低；

（7）注浆量达到设计要求后或终止注浆压力达到3.0MPa以上，并持续3min，水泥总用量不少于75%，可停止注浆；

（8）在1根注浆管堵塞的情况下，可通过另1根注浆管完全注浆，当3根注浆管都堵塞的情况下须进行补注浆；

（9）施工过程中，发现异常应及时通知设计单位协商采取相应处理措施。

20.4.2　注浆失败补救措施

任何工艺都有失败的可能，由于操作不当（如注浆单向阀门反向安装或清水劈裂未及时进行）或土层本身性质导致导管注浆孔堵塞，从而引起后注浆施工中预置的两根注浆管全部不通，导致设计的浆液不能注入的情况，或管路虽通但设计浆液不能达到75%，且注浆压力达不到终止压力，注浆视之为失败。若发现注浆失败情况，应采取如下措施：

（1）在注浆失败的桩侧采用地质钻机形成等边三角形的三个小孔，直径90mm左右，深度超过桩端50cm为宜，然后在所成孔中重新放下两套注浆管并在距桩端2m处用托盘封堵，用水泥浆液封孔；

（2）待封孔5d后即进行重新注浆，补入设计注浆量即完成施工。

注：钻孔灌注桩的施工要求按照设计单位提供“试桩桩位图”要求及国家、地方现行的地基与基础规范进行。

20.5　试桩结果

试桩结果详见表20.3及静载试验曲线见图20.3。试桩测得的单桩极限承载力值为22400 ~ 25200kN，与单桩竖向承载力预估值吻合，满足结构设计要求，达到了预期效果。

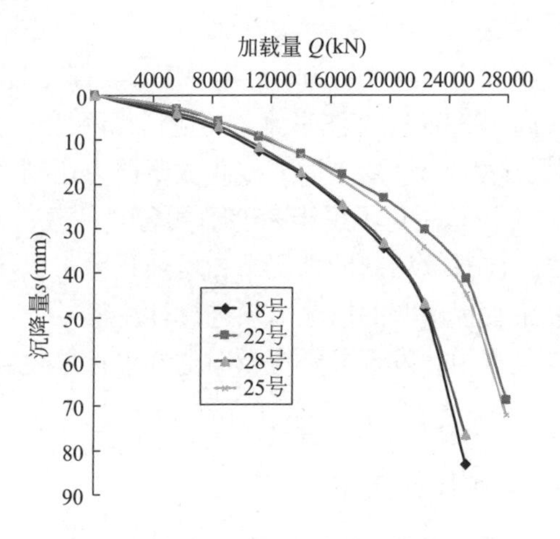

图 20.3　试桩静载试验曲线

试桩结果统计　　　　表 20.3

试桩编号	最大沉降量（mm）	极限承载力对应沉降量（mm）	最大试验载荷（kN）	极限承载力（kN）	承载力特征值（kN）
18	83.11	48.11	25200	22400	11200
22	68.89	41.45	28000	25200	12600
28	76.64	46.98	25200	22400	11200
25	72.10	44.91	28000	25200	12600

20.6　桩基设计

根据地基特点、上部结构体系及施工条件等，经技术和经济对比优化，本工程基础采用旋挖灌注桩，桩径为1.0m，有效桩长48m，采用桩底后注水泥浆技术提高桩的承载力，考虑后注浆的单桩承载力特征值为10000kN，工程桩采用满堂布置（图20.4），基础沿柱网每边外扩约6m，这样得到的基底附加应力满足沉降计算限值要求。将核心筒范围的有效桩长加长至51m，用于筏板的变刚度调平。

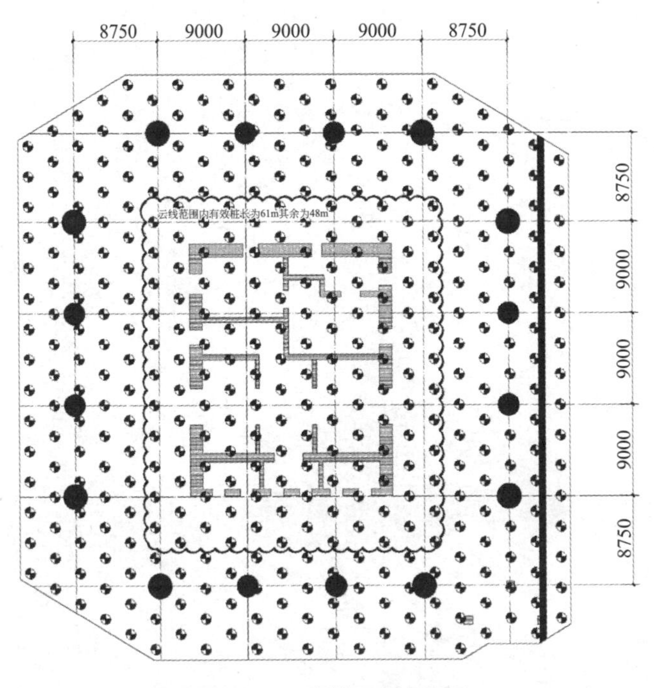

图 20.4 工程桩平面布置图

【按】岩土工程师负责桩基工程全过程咨询，不仅完成了专门性的补充勘察，依据原位测试进一步核准桩基设计参数，并制定试桩方案，而且认真进行成桩和后注浆施工过程质量控制，试桩结果与预估值吻合，最终桩基设计方案采用了岩土工程师推荐方案，经济效益及节约工期效用非常明显。本工程所获得的珍贵资料与经验，对积累地区性经验具有重要的工程意义和实用价值，对同类工程具有指导意义。

致谢：特别感谢上海勘察设计研究院（集团）股份有限公司顾国荣大师、杨石飞总工、魏建华副总工、尹骥博士和广东省建筑设计研究院有限公司罗赤宇总工、卫文女士的大力支持！